TRIZ——发明问题解决理论

高常青　编著

科学出版社
北　京

内 容 简 介

本书以产品概念设计理论为基础,详细介绍了发明问题解决理论(TRIZ)在新产品研发过程以及技术创新过程中的应用。全书共 9 章,内容包括绪论、产品的概念设计、创新思维、资源分析、系统功能分析、冲突及其解决原理、物质—场分析法与标准解、效应、技术系统进化理论。

本书以"反映研究热点、服务企业发展、塑造创新人才"为目标,理论阐述与工程实例讲解相结合,每章节附有思考题。

本书可以作为高等院校本科生、研究生的创新设计理论学习用书,也可以作为广大企业设计人员、管理人员及 MBA 学员提高创新能力的学习用书。

图书在版编目(CIP)数据

TRIZ——发明问题解决理论/高常青编著. —北京:科学出版社,2011.4
ISBN 978-7-03-030629-6

Ⅰ.①T… Ⅱ.①高… Ⅲ.①创造学-研究 Ⅳ.①G305

中国版本图书馆 CIP 数据核字(2011)第 048950 号

责任编辑:潘斯斯 张丽花/责任校对:郭瑞芝
责任印制:徐晓晨/封面设计:耕者设计工作室 毛剑秋

科学出版社 出版
北京东黄城根北街 16 号
邮政编码:100717
http://www.sciencep.com

北京建宏印刷有限公司 印刷
科学出版社发行 各地新华书店经销

*

2011 年 4 月第 一 版 开本:B5(720×1000)
2021 年 1 月第三次印刷 印张:8 1/2 插页:1
字数:170 000

定价:49.00 元

(如有印装质量问题,我社负责调换)

前　言

　　人类对事物本质及发展规律的认知与掌握，直接影响着人类实践活动的内容与方式。当我们迈入21世纪，科技创新进一步成为社会和经济发展的主导力量，世界各国综合国力的较量越来越体现为以知识服务与技术创新为主要内容的竞争，"创新"已经成为这个时代的主旋律，成为影响一个国家与民族发展的决定性因素。在这特殊的历史背景下，中国共产党在十七大报告明确指出："提高自主创新能力，建设创新型国家，这是国家发展战略的核心，是提高综合国力的关键。"

　　中华民族在政治、经济领域展示出独具的创造力。但是我们在科学技术领域的创造力仍需提高。由于缺乏自主知识产权，中国处于国际化分工的外围和产业链的下游。我们必须设法改变这一现状。从工程技术的角度看，创新型国家的建设，终究要落实到新产品的开发、发明的诞生、工艺问题的解决等具体技术问题的解决过程中。在企业中普及先进的技术创新方法，在学校中开展创新能力教育，是一项紧迫的历史任务。

　　怎样才能促进发明创造的产生，怎样才能提高解决问题的效率，技术创新的过程究竟有无规律可以遵循。上述问题都是机械设计及理论的核心研究内容之一。诞生于前苏联的TRIZ理论，即发明问题解决理论，对创新问题的解决有较为完整的流程，可操作性强，很适合我国目前机械行业的发展现状，对产品概念创新有普遍的指导意义。

　　作者在国家自然科学基金（50905074）、科技部创新方法工作项目（2009IM021000）、济南大学博士基金（B0625）等多方面的资助下，有幸能够把TRIZ理论的研究、探索和实践坚持下来。现将部分学习内容写成此书，为推动创新型国家的建设和创新方法工作项目的顺利开展，尽一点微薄之力。本书重点介绍了TRIZ（发明问题解决理论）的核心内容及主要概念，并结合概念设计理论中的功能分析、价值优化等方法，讲解TRIZ理论的具体应用。

　　感谢亿维讯公司（IWINT）的大力支持。基于计算机辅助创新设计平台Pro/Innovator与创新能力拓展平台CBT/NOVA，我们针对创新方法的研究、应用与推广进行了大量的实践与探索。

本书适合企业工程技术人员、研究院所新产品开发人员、高校教师学生学习使用。

作者研究和应用 TRIZ 理论的时间有限，书中观点与论述中难免有不妥之处，敬请读者批评指正。

作 者
2011 年 1 月

目　　录

前言

第一章　绪论 … 1
第一节　创新的内涵 … 1
第二节　技术创新的重要性 … 2
第三节　创新方法的发展 … 2
第四节　面向制造业的技术创新方法 … 4
第五节　经典的设计理论 … 4
第六节　发明问题解决理论 … 7
思考题 … 12

第二章　产品的概念设计 … 13
第一节　产品的设计流程 … 13
第二节　概念设计原理方案的确定 … 14
第三节　案例 … 15
第四节　TRIZ应解决的问题 … 17
思考题 … 18

第三章　创新思维 … 19
第一节　九屏幕法 … 19
第二节　STC算子 … 20
第三节　金鱼法 … 21
第四节　小人法 … 21
第五节　理想解 … 23
思考题 … 24

第四章　资源分析 … 25
第一节　实例分析与思考 … 25
第二节　可用资源的分类 … 26
第三节　资源分析 … 27
第四节　资源评估原则 … 29

思考题 ··· 31

第五章　系统功能分析 ··· 32

　　第一节　系统功能分析概述 ··· 32
　　第二节　技术系统及其级别 ··· 33
　　第三节　功能的定义及其分类 ··· 34
　　第四节　功能分析及功能元求解 ··· 38
　　第五节　技术系统的价值优化 ··· 41
　　第六节　技术系统裁剪法 ··· 44
　　思考题 ··· 47

第六章　冲突及其解决原理 ··· 48

　　第一节　冲突的含义及其类别 ··· 48
　　第二节　技术冲突解决原理 ··· 48
　　第三节　物理冲突解决原理 ··· 60
　　第四节　分离原理与发明原理的关系 ··· 61
　　第五节　冲突解决原理的应用 ··· 61
　　思考题 ··· 64

第七章　物质—场分析法与标准解 ··· 65

　　第一节　物质—场分析法 ··· 65
　　第二节　标准解 ··· 66
　　第三节　标准解法应用步骤 ··· 89
　　思考题 ··· 90

第八章　效应 ··· 91

　　第一节　科学效应 ··· 91
　　第二节　科学效应与功能实现 ··· 91
　　第三节　科学效应及其应用 ··· 100
　　第四节　基于效应的功能原理设计 ··· 110
　　思考题 ··· 111

第九章　技术系统进化理论 ··· 112

　　第一节　基本概念 ··· 112
　　第二节　技术成熟度预测 ··· 114
　　第三节　技术系统进化模式 ··· 115

第四节	系统特征及其零部件的不均衡进化	115
第五节	向宏观层次进化	116
第六节	向微观层次进化	117
第七节	增强相互作用	118
第八节	技术系统的扩充与简化	120
第九节	技术系统进化模式的应用	121
思考题		123

参考文献 …… 124
附录 1 常用科学效应和现象列表 …… 125
附录 2 Altshuller's Matrix …… 插页

第一章 绪 论

创新是一项系统的工程，随着知识经济时代的到来，社会的进步与经济的发展更加依赖于创新的实践，同时创新的实践需要创新设计方法的指导。

第一节 创新的内涵

美籍奥裔经济学家熊彼特（Joseph A. Schumpeter）于1912年在其著作《经济发展理论》中将"创新"作为一个经济学概念首次提出。熊彼特认为创新是发明的第一次商品化，也就是说，把发明引入生产体系并为商业化生产服务的过程就是创新，它意味着建立新的生产函数或供应函数，是在生产体系中引进一种生产要素和生产条件的新的组合。

从上述论述中可以看出，"创新"是一个系统化的过程，一般来说，商业上的成功产品创新是在一定的社会政治、经济环境下，科学发明、工程开发、企业文化、市场需求等各种因素综合作用的产物，如图1-1所示。因此，可以将创新看做在科学发明与工程开发的基础上使之实用化与商业化的连续社会技术实践过程。创新的范围广泛，包括科技创新，但又不仅限于科技范畴之内。

科学发明 + 工程开发 + 企业文化 + 管理科学 + 市场需求 + 支持环境 = 成功创新

图1-1 成功创新的要素

全面的研究创新过程，涉及的领域与学科十分宽泛。但从成功创新的组成要素上看，尽管创新不简单地等同于科学发明与工程开发，但是很明显，发明创造活动是创新活动的重要基础，没有发明创造，创新的过程也无法完成。由于本书的主要内容是针对产品开发与生产制造中技术问题的解决，故书中后续部分提及的"创新"侧重于科学发明的含义。

发明创造实际上就是一个产品创新设计的过程，其关键是设计的创新。创新设计是一种创造性的智力活动，是参与者充分发挥自己的创造力，利用人类已有的科学技术成果，进行创新构思，进行产品分析和设计的过程。

第二节　技术创新的重要性

在过去的20年里，中国的制造业企业经历了十分迅速的发展阶段。但是由于我们缺乏自主创新能力，没有自己的知识产权，导致我们国家的机械行业长期处于国际化产业链的下游，高额的利润大多数被西方国家获得，我国的制造业企业长期处于国际竞争的不利地位。

尽管我们的制造业靠"本土优势"成为"世界工厂"，但是我们必须清醒地意识到，没有核心技术支持的制造无法取得高额利润，也无法长期保持自身的低成本优势，越来越多的国家，如印度、泰国、越南、罗马尼亚等国，正积极的挑战中国的低成本优势。

时代的特征是我们每个人无法左右的。"技术创新"是我们所处历史阶段的时代特征。经济是人类文明与社会进步的基础。从人类经济发展宏观与共性的角度看，经济和生产力经历了三个时代，如表1-1所示。

表1-1　经济和生产力发展的阶段

阶　段	时　期	经济与生产特征
前工业经济（从原始经济到农业经济）	1800年以前	农业、畜牧业、渔业、手工业
工业经济（资源经济）	1800年至20世纪末	机械化生产
后工业经济（知识经济）	21世纪以后	以计算机为代表的高新科技知识

联合国世界经济合作与发展组织提出："知识经济指的是以知识（智力）资源的占有、配置、生产和使用（消费）为最重要因素的经济"。知识经济的出现是经济与科技发展的必然产物。从宏观的经济角度讲，知识经济首先出现在20世纪90年代高度发达的国家中，如美国、日本和西欧某些经济发达国家和地区。知识经济的形成判据有三个：①知识和信息对经济增长的贡献率过半；②知识和信息产业在国民生产总值过半；③对知识和信息产业的投资占总投资50%以上。

知识经济的到来，对各国经济的发展有以下积极的影响：①有利于可持续发展，知识作为资源，它是一种可以再生的、无限的、反复使用的、无污染的、可持续发展的资源；②促进实现世界经济全球化发展，知识及其信息通过网络突破国界向各方"辐射"传播，实现全球相互促进的理想境界；③发展中国家和地区可加速发展，如果把握好机遇，可以利用信息化技术带动和促进农业现代化和工业化进程。

第三节　创新方法的发展

创新是一个极其复杂的过程，人类对创新本质的认识与研究还远远达不到科学的层次。但是众多创新学者，经数十年的研究发现，科学技术的发明创造有一定的规律可循，他们大多是以原则、诀窍、思路形式指导人们克服心理和思维的障碍，改善思维的灵活性的过程。自 20 世纪 30 年代～80 年代，世界上出现了 300 多种创新技法，10 多种创造原理。这些创新技法，各自从不同的角度，在一定程度上突破了制约创新的相关因素的限制。所谓创新技法，就是在创造心理、创造性思维方法和认识规律基础上的技巧。这些创新技法不存在科学的逻辑关系，大多数目前在理论上处于"初生期"，还远远未达到纯粹的科学水平。从思维的角度，创新是人类驾驭形象思维与逻辑思维、发散思维与收敛思维的过程。

经过数十年的发展，在掌握已有创新技法的基础上，结合认知科学、人工智能、设计方法学、科学技术哲学等前沿学科，创新设计方法已成为一门独立且有待于开发的新的设计技术和方法。创新设计方法的发展历程如图 1-2 所示。最初的创新研究侧重于人的创造性思维，总结出一些具有指导意义的规律，形成各种创新技法，如头脑风暴法、联想法、类比法、侧向思考、仿生法等。后来，创新方法的研究开始注重以知识（专利）为基础，通过对专利的分析与研究，总结创造活动所遵循的创新原理，该阶段的典型创新方法是 TRIZ 理论。随着计算机技术的发展，创新方法的研究也出现新的趋势。现阶段，各种成熟的创新设计方法开始集成化研究与应用，并与计算机（包括网络）技术相结合，形成计算机辅助创新（Computer Aided Innovation，CAI）技术，如 QFD、可靠性设计、网络协同创新技术、有限元分析等各种成熟的技术和方法开始融入到创新设计过程中。

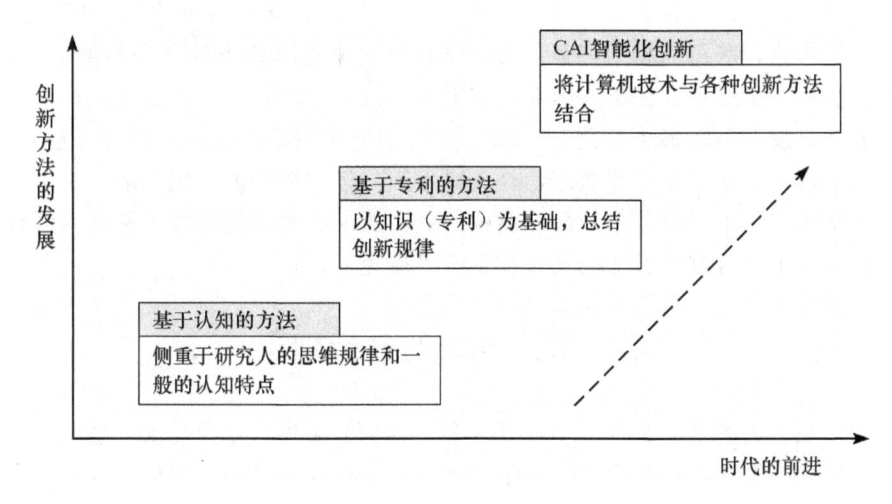

图 1-2　创新设计方法的发展

第四节　面向制造业的技术创新方法

试凑法是解决问题的传统方法之一。查尔斯·固特异（Charles Goodyear）发明硫化橡胶（即制造橡胶）的方法是试凑法的典型案例。查尔斯·固特异的一生只解决了一个难题，对于他而言，要获得"发明的技巧"，他一次生命的时间远远不够。实际上，甚至在解决这一个问题的时候他也是非常幸运的，大多数研究者在解决类似的难题时，往往用了一生的时间也没有任何结果。传统的方法还包括 635 法、陈列法、戈登法等。传统的方法从"问题"到"解"的路径长，不易找到理想的解，如图 1-3 所示。

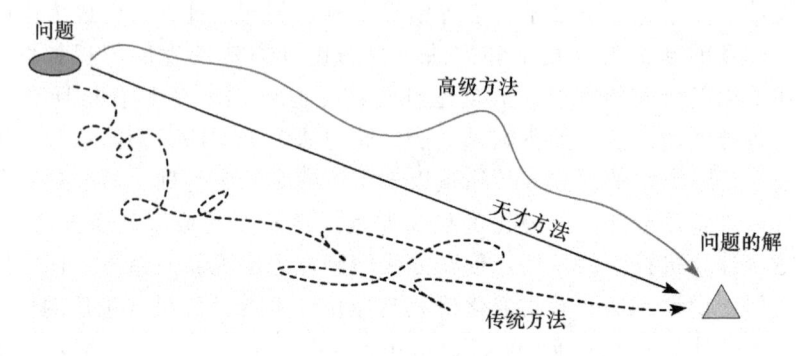

图 1-3　问题解决的三条路径

图 1-3 中有三条路径，分别是传统方法、天才方法、高级方法所获得解得路径。天才方法是指设计者是天才，无论什么问题，总能找到解决这个问题的捷径，不走弯路，获得问题的答案。另一条路径是采用高级方法所获得解的过程，该类方法路径虽然存在曲折，但在一定范围之内，是制造业企业研发人员应该掌握的方法。发明问题解决理论（TRIZ）是目前应用效果较好的一种高级方法。

技术创新方法处于进化状态，今天研发人员经常采用的方法不能代表未来还经常被采用，为了适应复杂产品创新的需要，新的技术创新方法不断诞生。新方法的诞生与不合时宜的方法的淘汰都是不可避免的。

第五节　经典的设计理论

设计是人类的基本实践活动，进入 20 世纪 60 年代后，产品设计理论的研究得到了极大的发展。产品设计方法学是研究产品设计的过程、规律，以及设计中思维和工作方法的一门综合性学科。

设计方法学的研究结果包括设计理论与设计方法。设计理论是研究产品设计过程的系统行为和基本规律，设计方法是产品设计的具体手段。

目前的产品设计问题一般表述为以经验为基础的演绎、归纳的设计过程。设计是从需求出发寻求设计出的产品解的过程，研究设计理论的目的在于发展新一代用计算机可帮助产品设计人员高效率与高质量地寻求设计解的技术。

通过对有关设计方面的文献资料的综合与分析，现代产品设计理论与方法的研究主要集中在以下三个方面：设计本质的研究、设计过程的研究、设计技术的研究，如表 1-2 所示。通常一种设计理论涉及多个研究主题。

表 1-2　现代设计理论与方法的研究

研究主题	研究内容
设计本质的研究	侧重于从哲学与认知学的角度对人类设计活动的认知模型研究，探讨设计活动的本质。例如，日本东京大学的吉川弘之提出了通用设计理论（General Design Theory），研究总结了人类设计过程，提出了反映设计本质的三个公理。山东大学黄克正教授提出了分解重构理论（Principle of Decomposition and Reconstution），指出新发明（设计）的本质是现实世界的分解和重新组合构造
设计过程的研究	研究设计活动进行的步骤与方式，可分为描述型与规定型两类。描述型过程模型对设计过程中可行的活动进行描述，强调求解的思路，如 French 的四阶段进程。规定型过程模型规定设计过程所必需的活动，规定出较好的活动模式，如 Koller 提出的四阶段进程及 Cross 设计进程
设计技术的研究	针对产品设计过程的某些阶段或某些方面研究其具体实现的方法。目前该方面的研究主要涉及设计的基本理论与技术、设计过程某阶段的研究、设计方法及 DFX 设计等方面。例如，并行设计、系统设计、功能设计、价值工程、虚拟现实、仿真技术、人工智能理论、概念设计、公差设计、参数化设计、优化设计、田口设计方法、绿色设计、设计自动化等

目前有代表性的设计理论方法主要有如下几种。

1. 质量功能配置（Quality Function Deployment，QFD）

为了缩短产品设计周期，设计者应十分清楚用户对待设计产品的要求，根据用户要求明确设计要求，以此作为设计的出发点。QFD 通过质量屋（House of Quality，HOQ）建立用户要求与设计要求之间的关系，并可以支持设计及制造全过程。它是一种将用户需求整机特性、零部件特性、工艺要求、制造要求的多层次演绎的分析方法。QFD 的核心思想是从产品开发的可行性分析研究到产品的生产都是以用户的需求为驱动，强调用户需求明确的转化为产品开发管理者、设计者、制造工艺部门，以及生产计划部门等有关人员均能理解的各种具体信息，从而保证企业最终生产出符合用户需要的产品。

QFD 是日本的 Akao 于 1966 年提出的，经过不断完善，成为全面质量管理中的设计工具。在概念设计阶段中，HOQ 给出了待设计产品明确的设计要求，但是并没有给出实现这些要求的具体方法与规则。

2. 公理化设计（Axiomatic Design，AD）

美国麻省理工学院机械工程系 Nam P. Suh 等学者自 1990 年来对设计理论进行了系统的研究，提出了设计公理体系。AD 的出发点是将传统上以经验为主的设计，建立成以科学公理、法则为基础的公理体系。设计的问题域看做顾客需求域 [CAs]、功能域 [FRs]、物理域 [DPs]、过程域 [PVs] 四个依次通过映射机制相联系的问题域概念模型。应当提及的是，此通过映射机制如从功能域映射至物理域的定义为

$$[FRs] = [A][DPs]$$

式中，A 为设计矩阵，表示产品设计的特征。

在公理化设计体系中，其主要贡献在于提出公理抽象本身推进了设计研究的深化。AD 提出了两个基本公理，其余的公理、法则均由两个公理衍生而得，此两个公理为：

① 独立性公理。保持功能需求的独立性，功能需求是满足设计目标的独立性功能需求的最小数目。

② 信息公理。使设计信息内容最小化，信息内容定义为满足给定 FR 的可能性。

在满足独立性公理的设计中，具有最大的成功可能性的设计为最佳的设计。在 AD 体系中对于如何确定每个域的特征参量，确定设计矩阵 [A] 和减少信息量以建立健壮的设计过程，Nam P. Suh 给出了实现设计流程的概念系统结构图。目前该原理系统结构仅能实现综合与控制，满足独立性公理的设计过程。这个概念结构图中包括三类基本单元结构：综合器、控制器及反馈器。AD 基本上是一种概念上的表达，距离完善的理论体系和实用尚有很大的距离，但 AD 表明了一种关于设计的考虑。

3. 通用设计理论（General Design Theory，GDT）与泛设计理论（Universal Design Theory，UDT）

日本东京大学人造物工程研究中心吉川弘之等自 20 世纪 70 年代起研究提出 GDT，主要通过用数学形式来表达设计过程，处理人类思维活动领域内设计表示为知识处理的概念模型。他们认为 GDT 不仅是设计的理论，还是关于设计知识的抽象的理论。

基于 GDT，1998 年 5 月 Karslruhe 会上又提出了一个精细设计过程模型，以改进 GDT 原先对实际设计过程描述的不足。在这个模型中，"设计"定义为完成技术规格书的过程。设计过程的开始，根据功能、行为状态、属性以确定设计目标的技术规格书，随着设计过程的发展，技术规格书不断精确化，成为稳定

的、完整的和可行的最终产品定义。精确化的演绎过程用一个元模型的映射机制以建立需求、功能、物理等多模型的问题域。基于上述基本理论方法，提出了一个技术实现的知识处理的工程框架。GDT 学者主要兴趣在于研究设计活动的认知问题，对于工程问题的表达则难以处理。

德国 Karslruhe 大学计算机应用设计与生产研究所的学者 H. Grabowski 教授认为德国的目标不仅在于寻求较低廉的成本生产产品，更重要的是使德国生产别人不能生产的产品，因而创造发明的产品就是德国企业经常性的行为。他们提出泛设计理论（UDT），研究结构化表达设计过程的方法，以奠定实现新一代计算机辅助设计技术系统的理论前提，并开发了一个原理性的演示系统。其目的在于探求设计过程是如何组织的，计算机如何能用于支持设计的全过程。

4. Pahl 和 Beitz 的理论

普适设计方法学（Comprehensive Design Methodology）建立了设计人员在每一设计阶段的工作步骤计划，这些计划包括策略、规则、原理，从而形成一个完整的设计过程模型。一个特定产品的设计可完全按该过程模型进行，也可选择其中一部分使用。

该方法中，概念设计阶段的核心是建立待设计产品或技术系统的功能结构。产品首先由总功能描述，总功能可分解为分功能，各分功能可一直分解到能实现为止。该理论所给出的建立功能结构的方法是一种基于经验的方法，没有太多的规则可以遵循，对于经验不足的设计人员，或有一定的设计经验，但经验中知识含量不高的设计人员，该理论不一定有效。

第六节　发明问题解决理论

创新是人类文明进步的动力，是技术和经济发展的原动力，设计的本质是革新和创造，强调创新设计是要求在设计中更充分发挥设计人员的创造力，利用最新科技成果，在现代设计理论和方法的指导下，设计出更具有竞争力的产品。

在心理学和行为科学的基础上，人们研究了许多种创新思维的方法，如头脑风暴法、奥斯本验核表法、类比法、仿生联想法等。这些方法的优点是易于产生大量的创造性想法。但其缺点也十分突出，其产生的创造性想法的可靠性或者说可实现性较差，不易获得最优解，问题求解的效率低。

以心理学和行为科学为基础的创新思维方法之所以有这种弊端，是因为其缺乏工程设计的知识基础。而 TRIZ 理论是建立在大量专利分析的基础上，具有较强的工程实践性，是各行业发明问题解决方法的经验总结，逻辑性好。经过近 60 年的发展，TRIZ 在世界范围内取得日益广泛的应用。实践证明，TRIZ 是解决发明问题的强有力的方法学。因此，本书选择 TRIZ 理论作为创新设计方法。

TRIZ 是俄语"发明问题解决理论"的缩写，其研究始于 1946 年，前苏联著名发明家 G. S. Altshuller 领导的研究机构分析了世界近 250 万件高水平的发明专利，并综合多学科领域的原理和法则后，建立起 TRIZ 理论体系。其目的是研究人类进行发明创造、解决技术难题过程中所遵循的科学原理和法则。TRIZ 是基于知识、面向人的发明问题系统化解决方法学，且适用于各行业。

TRIZ 理论认为，任何领域的产品改进、技术变革、技术创新和生物系统一样，都存在产生、生长、成熟、衰老、灭亡的过程，是有规律可循的。TRIZ 正是这些规律的综合。运用该理论，可加快人们创造发明的进程。经过近 60 年的发展，TRIZ 理论在前苏联、日本及欧美各国广泛应用。

常有的 TRIZ 理论问题解决工具如下。

1. 冲突矩阵

TRIZ 理论总结出用于解决技术冲突的 40 条通用发明原理，并为了冲突描述的标准化总结出 39 个通用工程参数。

冲突矩阵是一个 40×40 的矩阵，其中第 1 行和第 1 列为顺序排列的标准工程参数序号。除第 1 行和第 1 列，其余 39 行和 39 列形成一矩阵，其元素为一组数字或为空，这组数字代表解决相应冲突的发明原理序号。运用冲突解决矩阵时，首先针对具体问题确定技术冲突，然后将该技术冲突采用标准的两个工程参数进行描述，通过标准工程参数序号在冲突矩阵中确定可采用的发明原理。

2. 分离原理

分离原理为物理冲突提供解决方法。通常，分离原理有四种形式：①空间分离；②时间分离；③基于条件的分离；④整体与局部的分离。

3. 76 个标准解

物质—场分析法（S—F 分析法）是 TRIZ 理论的基础，其指出一个存在的功能必定由三个基本元件组成（两种物质和一种场）。物质可以是任何形式的零件，场是一种能量形式，如图 1-4 所示。

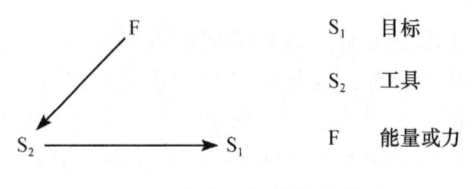

S_1　目标

S_2　工具

F　能量或力

图 1-4　物质—场分析法模型

基于物质—场分析法在不同领域的分析与应用，Altshuller 总结了不同领域的问题解决的通用标准条件及标准解法，这些标准解法共有 76 个，即 76 个标准解。76 个标准解共分为 5 类：①不改变或少量改变以改进系统（13 个解）；②改变系统（23 个解）；③系统传递（6 个解）；④检测与测量（17 个解）；⑤简化与改进策略（17 个解）。

4. 理想解

TRIZ 的一个基本观点是，任何系统都向其理想解方向进化，理想状态不断增加。理想状态（Ideality）定义为

$$\text{Ideality} = \frac{\text{所有有益作用}}{\text{所有有害作用}}$$

理想解即消除了所有有害作用，充分发挥有益作用的解决方案。理想解实际是不存在的，当技术系统越接近理想解，其成本越低、效率越高，系统的现有资源利用率越高。

5. ARIZ 算法

ARIZ 是为复杂问题提供简单化解决方法的逻辑结构化过程，是 TRIZ 的核心分析工具。ARIZ 有多个版本，差异在于设计步骤数目的不同。以下是 ARIZ-77 的设计步骤。

第一步：选择问题。
第二步：建立问题模型。
第三步：分析问题模式。
第四步：消除物理矛盾。
第五步：初步评价所得解决方案。
第六步：发展所得答案。
第七步：分析解决进程。
其中，每一步又有详细的解决问题的步骤和推理程序。

6. 产品技术进化理论

产生、生长、成熟、衰老、灭亡是事物发展的一般规律。自然界、人类社会总处于不断变化之中。TRIZ 理论指出，技术系统也有自身的进化规律。任何技术产品的发展历程均可以分为四个阶段，即婴儿期、成长期、成熟期、退出期，如图 1-5 所示。

产品进化的实质是产品核心技术从低级向高级变化的过程。TRIZ 的产品技术进化理论有多个版本，其中"直接进化论"提供了 8 种进化模式。

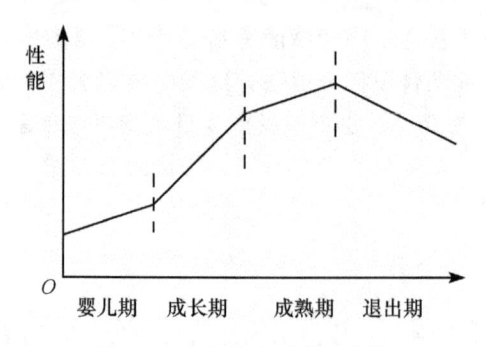

图 1-5　产品技术进化 S 曲线

模式 1：技术系统的生命周期为出生、成长、成熟、退出。
模式 2：增加理想化水平。
模式 3：系统的不均衡发展导致冲突的出现。
模式 4：增加动态性及可控性。
模式 5：通过集成增加系统功能。
模式 6：部件的匹配与不匹配交替出现。
模式 7：由宏观系统向微观系统进化。
模式 8：增加自动化程度，减少人的介入。

7. 效应

传统的科学效应多为按照其所属领域进行组织和划分，侧重于效应的内容、推导和属性的说明。由于发明者对自身领域之外的其他领域知识通常具有相当的局限性，造成了效应搜索的困难。TRIZ 理论中，按照"从技术目标到实现方法"的方式组织效应库，发明者可根据 TRIZ 的分析工具决定需要实现的"技术目标"，然后选择需要的"实现方法"，即相应的科学效应。TRIZ 的效应库的组织结构，便于发明者对效应的应用。TRIZ 理论基于对世界专利库的大量专利的分析，总结了大量的物理、化学和几何效应，每一个效应都可能用来解决某一类问题。

基于对 TRIZ 理论的深入研究和实践，各种问题解决工具各具特色，对于创新设计问题的解决的方法也不尽相同。TRIZ 理论问题解决工具的比较如表 1-3 所示。

表 1-3　TRIZ 理论问题解决工具的特性比较

工具＼属性	优点	缺点	适用于	应用示例
冲突矩阵（39 个工程参数、40 条发明原理）	形式简单，易于使用，可提供 1201 种冲突的解法	必须确定系统的冲突所在，必须采用 39 个工程参数描述冲突	便于用 39 个工程参数描述的技术冲突问题	由发明原理"紧急行动"，刀具以高速切割大直径薄壁管件，避免管件变形

续表

工具\属性	优点	缺点	适用于	应用示例
分离原理	形式简单，便于解决物理冲突	作为其应用的前提，物理冲突不易确定	已经确定物理冲突的技术系统	基于时间分离原理，飞机的机翼在起飞、降落和正常飞行时形状改变，满足不同阶段要求
效应	作为解决问题的工具，适应面广泛	要求使用者有较好的知识背景	已知晓如何去解决问题的情况	以"产生夹持力"为工作目标，搜寻相关效应，以"电磁"原理改进焊装夹具加紧装置
76个标准解	结构化分析问题，易于产生不同的新概念	需要较强的相关问题的工程背景	为已有的设计方案产生新的概念	由76个标准解，寻求昆虫危害粮食的解决方案
理想解	易于产生高级别的解决方案及新的系统构思	对相关经验及知识有较强的依赖	寻求突破传统思路的解决方法	利用理想解确定草坪维护工业的更佳状态，草长到一定高度就停止生长
ARIZ算法	系统化解决各种问题，覆盖面广	解决过程相对繁琐	解决各种较为复杂的问题	运用ARIZ算法，寻求加工中心刀具的刀体圆锥面部分与法兰端面及主轴的锥孔面和端面同时实现接触的解决方案
产品技术进化理论	可以预测产品的发展趋势	较难确定具体的产品进化模式，需要工具软件确定当前产品所处的进化阶段	设计新一代产品及寻求可替换现有产品核心技术的新技术	根据产品进化路线，预测大型望远镜、投影仪、卫星摄像等的可调镜头技术系统的结构

运用TRIZ理论的问题解决过程，是发散思维和收敛思维相互作用的过程，是运用逻辑思维和非逻辑思维的过程，解的收敛方向由TRIZ通用解决定，具体环节的思考又充分利用各种创新思维方法，如图1-6所示。

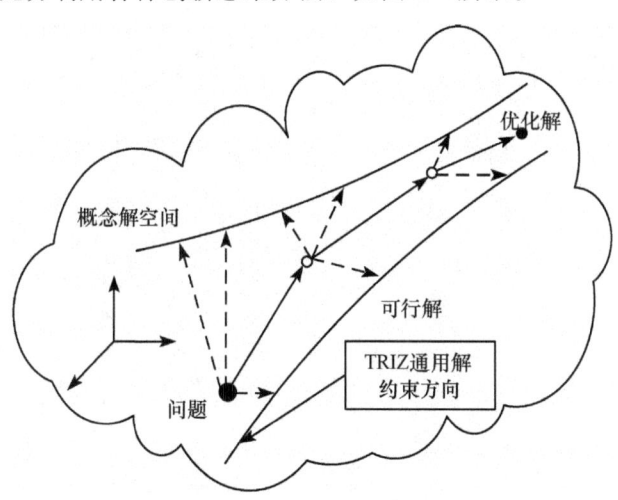

图1-6 运用TRIZ理论的实际求解过程

思 考 题

1-1 技术创新对促进当前经济的发展有何意义?
1-2 重视设计理论的学习与应用对于提高产品创新设计水平有何意义?
1-3 TRIZ 理论的主要内容包括哪些方面?
1-4 为什么要重视 TRIZ 理论的学习和应用?

第二章 产品的概念设计

21世纪产品竞争日益加剧，世界各国普遍重视提高产品的设计水平，以增强产品竞争力。产品设计的目的是产品创新，满足市场需要，所以设计的本质是创新，重视创新设计是增加产品竞争力的根本途径。在产品概念设计阶段，由于对设计人员的约束相对较少，具有较大的自由空间，因此产品的创新方案的形成在很大程度上是由产品的概念设计阶段决定的。

第一节 产品的设计流程

随着工业生产的发展，设备和产品的功能与结构日趋复杂，产品设计在整个生命周期内占有越来越重要的位置。作为只占5%产品成本的设计活动往往决定70%~80%的产品成本。

产品设计方案的创新主要在概念设计阶段完成。现在设计人员采用产品开发模型是一个各设计阶段并行的过程模型，各阶段关系如图2-1所示。

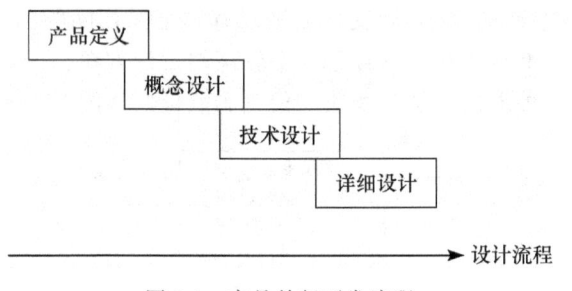

图2-1 产品并行开发流程

Palh & Beitz 于1984年在其 *Engineering Design* 一书中提出概念设计这一名词，将概念设计定义为在确定任务之后，通过抽象化，拟定功能结构，寻求适当的作用原理及其组合等，确定出基本求解途径，得出求解方案。概念设计具有以下特性：创新性、多样性、层次性。人们对概念设计的研究主要集中在功能创新、功能分析和功能结构图设计、工作原理解的搜索和确定、功能载体方案构思和决策等方面。

概念设计的创新性使得概念设计系统必然是以人为核心的人机一体化的智能化集成系统。所以，对概念设计的研究，除了充分研究将计算机作为辅助工具的方法，还要重视面向设计人员的设计理论。

第二节 概念设计原理方案的确定

产品概念设计的核心是针对功能的需求从原理层面上构思实现特定功能的方案解,包括新功能的构思、功能分析和功能结构设计、功能的新原理创新、功能元的结构解创新、结构解组合创新等。

功能是抽象地描述机械产品输入量和输出量之间的因果关系,对具体产品来说,功能是指产品的效能、用途和作用。人们购置的是产品功能,人们使用的也是产品功能。比如,电灯的功能是将电能转化为光能;车床的功能是实现金属切削;电磁炉的功能是将电能转化为热能等。采用功能分析法进行方案时,按下列步骤进行工作:①设计任务抽象化,确定总功能,抓住本质,扩展思路,寻找解决问题的多种方法;②将总功能逐步分解,最终至功能元,形成功能树;③寻求分功能(功能元)的解;④方案评价与决策。

从系统论的角度,我们把功能定义为技术系统的输入与输出的关系。对于要解决的问题,设计人员难以立即认识,犹如对待一个不透明不知其内部结构的"黑箱",利用对未知系统的外部观测,分析该系统与环境间的输入和输出,通过输入和输出的转换关系确定系统的功能特性,进一步寻求功能解,这种方法称为黑箱法。黑箱法要求设计者不要首先从产品结构入手,而应从系统的功能出发设计产品,这是一种合计方法的转变。黑箱法有利于抓住问题的本质,扩大思路,摆脱传统结构的旧框框,获得新颖且水平较高的设计方案。一般来说,技术系统的输入和输出的三种形式分别为物质、信息和能量,如图 2-2 所示。

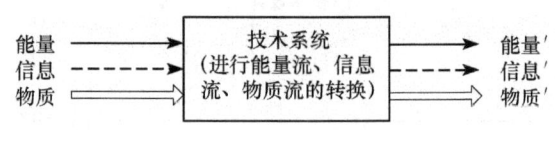

图 2-2 功能的表达

一个系统可以分解为一些子系统,那么一个系统的总功能也应该可以分解为一些分功能。有些学者因此提出一种设想:是否可以把机器中的复杂动作分解为一些基本动作,并把这些基本动作理解为"功能元素",由这些功能元素构成任何技术系统复杂的总功能。

另一种方式是不把功能分解过细,而只是分解到"功能元"层次上,其在物理域中存在解决方案。

由总功能分解为分功能,最后做出功能结构图,这样一个过程称为"系统分析"。

功能结构图的建立是使技术系统从抽象走向具体的重要环节之一。通过功能结构图的绘制，明确实现系统的总功能所需要的分功能、功能元及其顺序关系。这些较简单的分功能和功能元，可以比较容易相对应地与一定物理效应的实体结构相对应，从而可以得出所定总功能需要的实体解答方案来。建立功能结构图时应注意以下要求。

（1）体现功能元或分功能之间的顺序关系，这是功能结构图与功能分解图之间的区别。

（2）各分功能或功能元的划分及其排列要有一定的理论依据，物理作用原理或经验值支持以确保分功能或功能元有明确解答。

（3）不能漏掉必要的分功能或功能元，要保证得到预期的结果。

（4）尽可能简单明了，但要便于实体解答方案的求取。

确定了各功能元之的解之后，通过合成确定系统原理解。图 2-3 是确定系统原理解的形态学矩阵法。其给出了两个系统原理解的合成过程。通过形态学矩阵将不同功能的不同解匹配得到多个系统原理解。经评价得到选定的原理解。

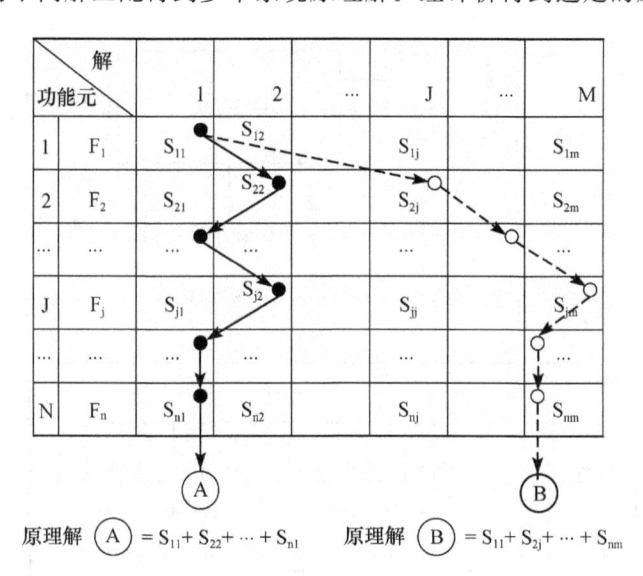

原理解 (A) = $S_{11}+ S_{22}+ \cdots + S_{n1}$ 原理解 (B) = $S_{11}+ S_{2j}+ \cdots + S_{nm}$

图 2-3　形态学矩阵

第三节　案　　例

近年来建筑装饰业对高档次石材制品需求量增加，石材异型产品在装饰石材中所占的比例逐步提高，人们的审美观点也在不断改变。对异型产品的种类、形状、精度和产品的尺寸都提出了较高的要求。随着石材制品向高档化、异型化、艺术化发展，石材行业迫切需要相应的多功能、自动化的加工设备，以满足日益发展的建筑装饰业的要求。石材异型制品还没有一个统一的定义,一般认为除矩形板材外的其他所有石材制品都可以可归类为石材异型制品。其中,曲面异型制品指具有公共母线或对称中线的曲面板材制品,如内外圆弧形、S形或波浪形等墙面、柱面用板材制品。

现代异形石材加工业的显著特点是技术含量高,加工效率高,生产工期短,且加工利润大大高于板材加工。对于市场上的需求现状,开发可以加工弧面石材的切割设备具有重要的价值。本节以此案例说明机械产品功能求解与方案确定的一般过程。

首先,在产品开发前,我们一般会得到上游阶段为我们提供的设计要求,即功能需求。现在的功能需求很明确,在石材毛坯的基础上切割出工弧面石材。此功能可以通过黑箱来表示,如图2-4所示。在确定原理方案前,我们需筛选技术路线,选择利用数控加工的方式实现石材弧面的加工过程。圆弧石材切割锯床的功能原理分析过后,可以得出功能结构图,如图2-5所示。

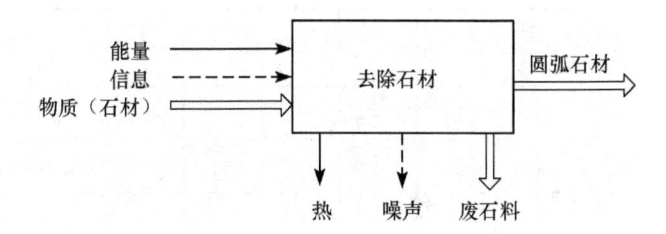

图 2-4 功能需求的黑箱表达

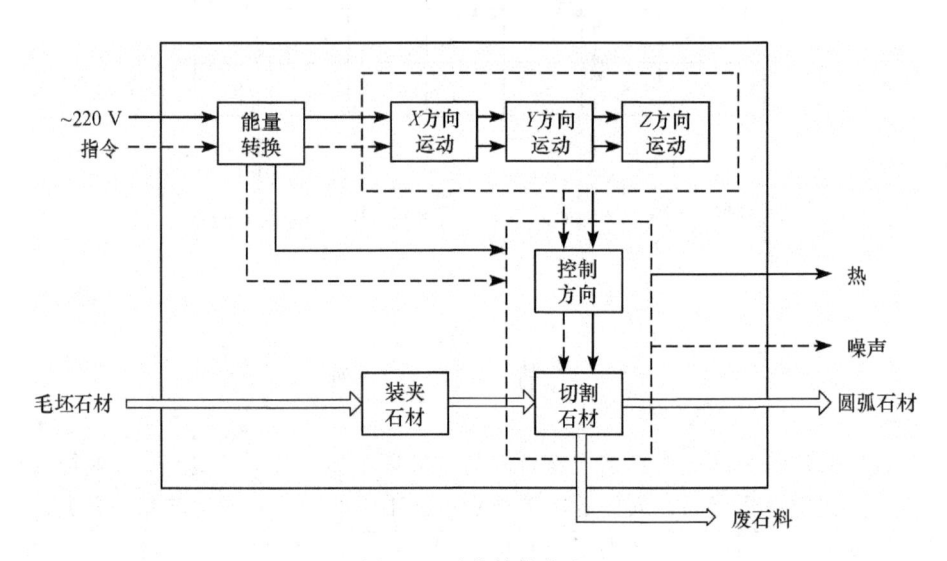

图 2-5 功能结构表达

对于本设计，基于形态学矩阵的概念和前面做的功能分析，我们可以列出功能元包括方向控制、X轴方向的运动、Y轴方向的运动、Z轴方向的运动、石材定位方式、防尘护罩的类型等，如图 2-6 所示。

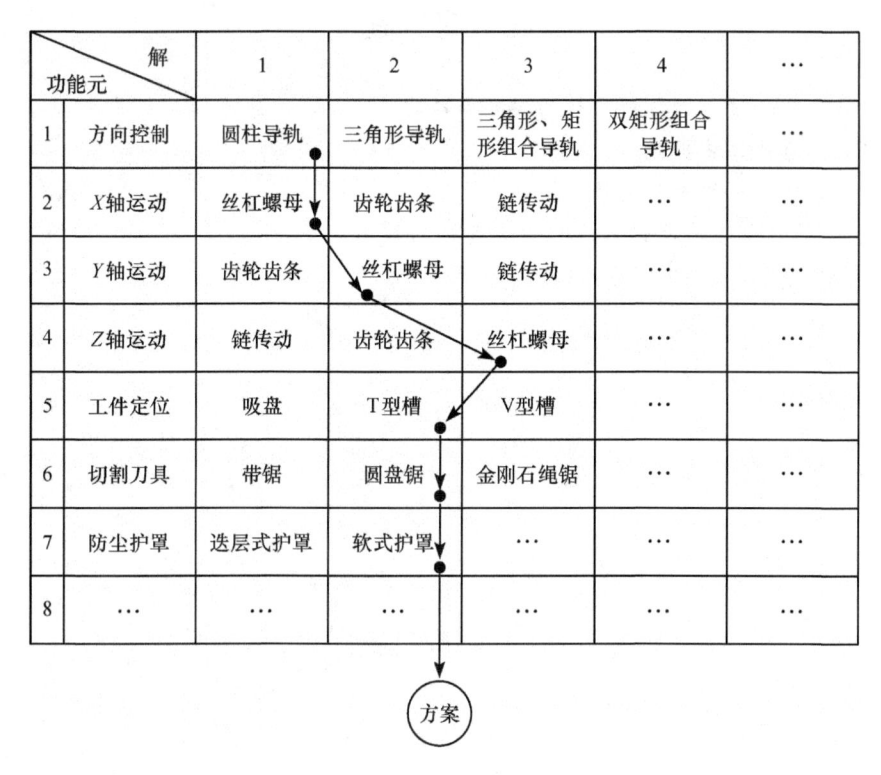

解 功能元		1	2	3	4	…
1	方向控制	圆柱导轨	三角形导轨	三角形、矩形组合导轨	双矩形组合导轨	…
2	X轴运动	丝杠螺母	齿轮齿条	链传动	…	…
3	Y轴运动	齿轮齿条	丝杠螺母	链传动	…	…
4	Z轴运动	链传动	齿轮齿条	丝杠螺母	…	…
5	工件定位	吸盘	T型槽	V型槽	…	…
6	切割刀具	带锯	圆盘锯	金刚石绳锯	…	…
7	防尘护罩	选层式护罩	软式护罩	…	…	…
8	…	…	…	…	…	…

图 2-6　根据形态学矩阵得到的解决方案

综合考虑各方面因素，分析各种方案的可执行性和简单便捷性，我们寻找到一种最优的解决方案，如图 2-6 所示。例如，方向控制方面选择双圆柱导轨。X轴方向的运动、Y轴方向的运动、Z轴方向的运动方面选择丝杠传动。石材定位方式选择 T 型槽定位。切割刀具选择圆盘锯。防尘护罩的类型选择软式皮腔护罩等。该原理解是后续设计工作及详细设计的基础。

第四节　TRIZ 应解决的问题

我们在实际应用时会发现上述设计过程可能存在如下几个问题：①至少有一个功能元的解用上述方法不能得到，或需要太长时间；②功能结构中至少两个功能元出现冲突；③至少有一个功能元的解与产品整体性能出现冲突；④至少一个功能元求解与设计约束出现冲突。

TRIZ理论认为创新设计的实质是解决冲突，其为各种冲突的解决和功能元的求解提供了若干问题解决工具，如发明原理、76个标准解、分离原理等。

思 考 题

2-1 产品设计过程通常分为哪几个阶段？
2-2 为什么重视概念设计？
2-3 功能元的含义是什么？
2-4 TRIZ在产品设计过程中有怎样的作用？

第三章 创新思维

CAI 技术的研究主要集中在计算机技术在知识的管理、数据库的管理等方面，为人类存储和检索信息起到了一定的辅助作用。基于 TRIZ 的 CAI 软件对此过程可以提供相应工程实例的说明，但由于领域问题的具体性，软件所提供的工程实例通常无法直接借鉴，不能系统地指导解决问题的过程。从一定程度上说，TRIZ 是面向人的设计方法学。在产生创新设想的过程和确定问题解决思路的过程中，创新思维扮演着重要的角色。基于 TRIZ 理论的问题解决过程，是发散思维和收敛思维相互作用的过程，是运用逻辑思维和非逻辑思维的过程。本章介绍 TRIZ 理论中常用的几种创新思维方法。

第一节 九屏幕法

根据系统论的观点，系统由多个子系统组成，并通过子系统间的相互作用实现一定的功能。系统之外的高层次系统称为超系统，系统之内的低层次系统称为子系统。我们要研究的或问题发生的系统，通常也称为"当前系统"。

例如，如果我们研究的当前系统为汽车，那么轮胎、发动机等都是汽车的子系统，而汽车必然要存在于其内部的整个交通系统就是汽车的一个超系统，如图 3-1 所示。

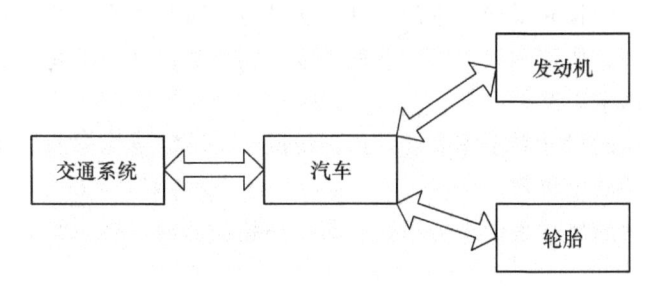

图 3-1 技术系统、子系统和超系统

九屏幕法是一种考虑问题的方法，在分析和解决问题的时候，不仅要考虑当前的系统，还要考虑它的超系统和子系统，不仅要考虑当前系统的过去和未来，还要考虑超系统和子系统的过去和未来，如图 3-2 所示。

九屏幕法的步骤为，首先，先从技术系统本身出发，考虑可利用的资源；其次，考虑技术系统中的子系统和系统所在的超系统中的资源；再次，考虑系统的

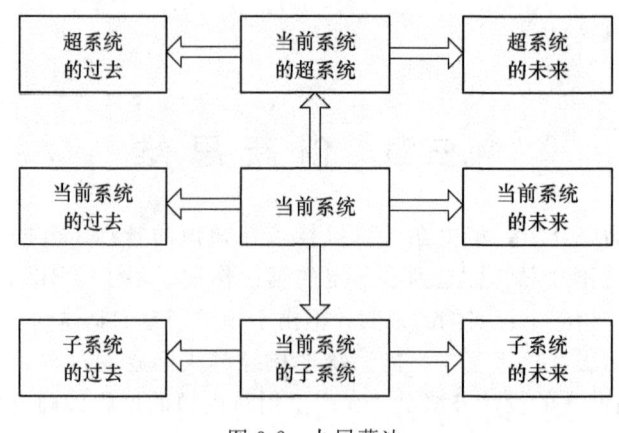

```
┌─────────┐      ┌─────────┐      ┌─────────┐
│ 超系统   │◄────│ 当前系统 │────►│ 超系统   │
│ 的过去   │      │ 的超系统 │      │ 的未来   │
└─────────┘      └─────────┘      └─────────┘
                      ▲
                      │
                      ▼
┌─────────┐      ┌─────────┐      ┌─────────┐
│ 当前系统 │◄────│ 当前系统 │────►│ 当前系统 │
│ 的过去   │      │         │      │ 的未来   │
└─────────┘      └─────────┘      └─────────┘
                      ▲
                      │
                      ▼
┌─────────┐      ┌─────────┐      ┌─────────┐
│ 子系统   │◄────│ 当前系统 │────►│ 子系统   │
│ 的过去   │      │ 的子系统 │      │ 的未来   │
└─────────┘      └─────────┘      └─────────┘
```

图 3-2　九屏幕法

过去和未来，从中寻找可利用的资源；最后，考虑超系统和子系统的过去和未来。

九屏幕法可以帮助我们从多角度来看待问题，突破原有思维局限，多个方面和层次寻找可利用的资源，更好地解决问题。

第二节　STC 算 子

从物体的尺寸（size）、时间（time）、成本（cost）三个方面来做六个智力测试，重新思考问题，以打破固有的对物体的尺寸、时间和成本的认识，称为STC算子。它可以辅助我们在构思问题方案解时发散的思维具有一定的收敛性。

例如，使用活梯来采摘苹果的常规方法，劳动量是相当大的。如何让这个活动变得更加方便、快捷和省力呢？我们可以从物体的尺寸、时间、成本三个角度来考虑问题，需求思路。

（1）苹果树的尺寸趋于零高度，这种情况下是不需要活梯的，因此我们的解决方案是种植矮的苹果树。

（2）苹果树的尺寸趋于无穷高，发明一种超长的摘苹果的剪子，不需要活梯就能解决。

（3）假设收获成本费用不花钱，收获方法就是摇晃苹果树。

（4）如果成本费用无穷大，没有任何限制，就是发明一种带有电子视觉系统的和机械手控制的智能型摘果机。

（5）如果收获时间趋于零，我们可以借助轻微爆破或压缩空气喷射法。

（6）如果收获时间是无限的，我们的方法就是任其自由掉落。那么我们的方法就是在树下放一个软薄膜，防止苹果摔伤。

第三节 金 鱼 法

金鱼法是从幻想式解决构想中区分现实和幻想的部分，然后再从解决构想的幻想部分分出现实与幻想两部分。这样的划分反复进行，直到确定问题的解决构想能够实现时为止。采用金鱼法，有助于将幻想式的解决构想转变成切实可行的构想。

金鱼法操作流程。将问题分为现实和幻想两部分（问题1、问题2）。

问题1：幻想部分为什么不现实。

问题2：在什么条件下，幻想部分可变为现实。

列出子系统、系统、超系统的可利用资源，从可利用资源出发，提出可能的构想方案，构想中的不现实方案，再次回到第一步，重复。

如何实现埃及神话故事中会飞的魔毯。我们按金鱼法分析方案求解过程。

将问题分为现实和幻想两部分：现实部分包括毯子、空气；幻想部分包括毯子会飞。幻想部分为什么不现实。由于地球引力，毯子具有重量，而毯子比空气重。在什么情况下，幻想部分可变为现实。施加毯子向上的力、毯子的重量小于空气的重量、地球的重力不存在。

列出所有可利用资源。超系统中有空气中的中微子流、空气流、地球磁场、地球重力场、阳光等。系统中毯子本身也包括其纤维材料、形状、质量等。

利用已有资源，基于之前的构想考虑可能的方案：毯子的纤维与中微子相互作用可使毯子飞翔、毯子上安装提供反向作用力的发动机、毯子在宇宙空间或在做自由落体的空间中、毯子由于下面的压力增加而悬在空中（气垫毯）、利用磁悬浮原理或者毯子比空气轻。

采用金鱼法，将思维惯性带来的想法重新定位和思考，有助于将幻想式的解决构想转变成切实可行的构想。

第四节 小 人 法

当系统内的部分物体不能完成必要的功能和任务时就用多个小人分别代表这些物体。不同小人表示执行不同的功能或具有不同的矛盾，重新组合这些小人，使它们能够发挥作用，执行必要的功能。通过能动的小人，实现预期的功能。然后，根据小人模型对结构进行重新设计。

小人法的步骤：①把对象中各个部分想象成一群一群的小人（当前怎样）；②把小人分成按问题的条件而行动的组（分组）；③研究得到的问题模型（有小人的图）并对其进行改造，以便实现解决矛盾（该怎样——打乱重组）；④过渡到技术解决方案。

小人法能够更形象生动地描述技术系统中出现的问题,通过用小人表示系统,打破原有对技术系统的思维定式,更容易解决问题,获得理想解决方案。

为了防止走私核原料,海关在检查集装箱时会产生问题:一方面要快速准确地检查大面积集装箱内是否有核原料,往往需要很长时间;另一方面不能因为此项工作影响车辆通过海关的能力。

建议利用小人法模拟这个问题,如图3-3所示。将系统用许多小人表示执行不同的功能,然后重新组合这些小人,使小人发挥作用,解决问题。核原料为中间的黑头小人,四周被外壳小人包围。假想我们利用一种工具仪器或材料,其应该具备一定的特性,即工具仪器小人在通过外壳小人和黑头小人时表现出不同的特性,如其与外壳小人相遇时不改变前进方向,而其与黑头小人相遇时,则改变前进方向。

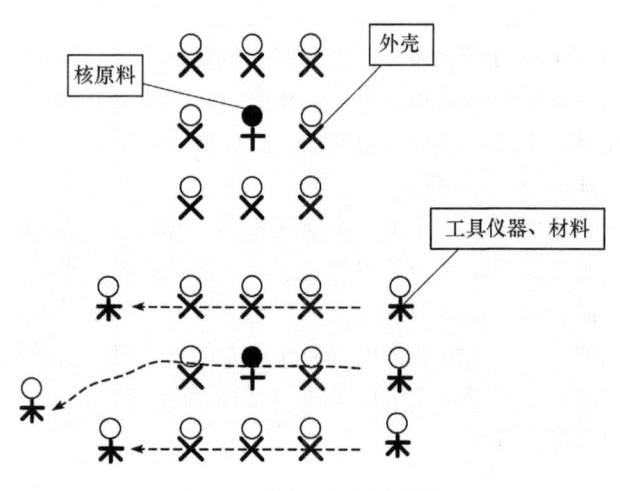

图 3-3 小人法检测集装箱

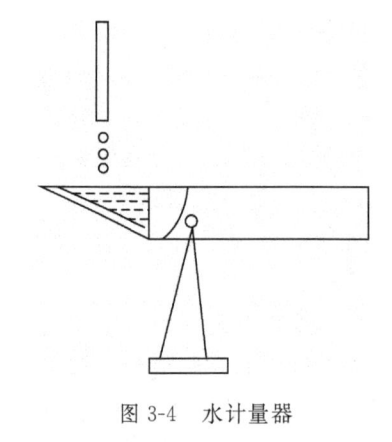

实际应用中,可以选择高能粒子 μ 介子作为仪器工具小人,因为 μ 介子在与核原料相撞时会偏离原前进方向,而与其他材料相遇时仍沿原方向前进。这样可以快速探测集装箱内是否有核原料。

水计量器做的像一个跷跷板,如图3-4所示。水计量器左侧为一槽体结构,水装满后,左侧下沉,水流出槽体。不幸的是,水槽中的水总是不能完全流出,当水槽中还有少量水时,右侧又下压,这样水槽中总有部分水流不出来。如何解决?

图 3-4 水计量器

第五节 理 想 解

产品处于理想状态的原理解称为理想解,理想解具有四个特征:①消除了原系统的缺陷;②保留了原系统的优点;③不会使系统变得更复杂;④不会产生新的缺陷。最理想的技术系统作为物理实体它并不存在,但却能够实现所有必要的功能。

在 TRIZ 中,理想化的应用包含理想系统、理想过程、理想资源、理想方法、理想机器、理想物质等。理想机器没有质量、没有体积,但能完成所需工作。理想方法不消耗能量及时间,但通过自身调节,能获得所需的效应。理想过程只有过程结果,而无过程本身。理想物质没有物质,功能得以实现。

提高技术系统理想状态的方法如表 3-1 所示。

表 3-1 提高理想状态的途径

① 去除附加功能
② 去除元件
③ 自服务
④ 替换元件、部件或整个系统
⑤ 改变操作原理
⑥ 资源利用

通过表 3-1 中的 6 个途径,可以改善技术系统的理想状态,提高工程方案的形成速度与质量。对于很多设计实例,理想解的正确描述会直接得出问题的解,与技术无关的理想解使设计者的思维跳出问题的传统解法。

ARIZ 算法中给出了确定理想解的步骤:

(1) 设计的最终目标是什么。
(2) 理想解是什么。
(3) 达到理想解的障碍是什么。
(4) 出现这种障碍的结果是什么。
(5) 不出现这种障碍的条件是什么。
(6) 创造这些条件存在的可用资源是什么。

下面这个有趣的实例说明了 ARIZ 算法中确定理想解的过程。农夫在繁忙的工作之余养了一只兔子,为了让兔子很好地生长需要把它放到草坪上吃草,但是这里出现了一个问题,为了不让兔子丢失,必须控制它的行动,把它放到笼子里,但是放到笼子里后,兔子的行动受到了限制,它很快就能吃完笼子罩住的青草,而无法继续吃其他区域的青草;如果把兔子直接放养在草坪上,兔子可以尽情地享受青草,但是兔子也可能丢失。如何解决?

ARIZ 算法中给出了确定理想解的步骤:

(1) 设计的最终目标是什么。

兔子能够吃到新鲜的青草。

(2) 理想解是什么。

兔子永远能够自己吃到青草。

(3) 达到理想解的障碍是什么。

兔子的笼子不能移动。

(4) 出现这种障碍的结果是什么。

由于笼子不能移动，可被兔子吃的草的面积不变，短时间内青草就被吃光了。

(5) 不出现这种障碍的条件是什么。

当兔子吃光笼子内的青草时，笼子移动到有草的地方。

(6) 创造这些条件存在的可用资源是什么。

笼子本身安上轮子，兔子自身可推动其到有草的地方。

思 考 题

3-1　为什么要重视创新思维的应用？

3-2　简述九屏幕法的应用步骤。

3-3　什么是STC算子？

3-4　什么是金鱼法？

3-5　尝试运用小人法解决实际问题。

3-6　什么是理想解？

第四章 资 源 分 析

在产品设计或发明创造的过程中，系统的分析可用资源的利用，有利于工程人员克服心理惯性，高效解决问题。善于利用系统中的物质资源是高水平发明家的标志。

第一节 实例分析与思考

现在分析一个实例。和地上的吊车相比，船上的吊车没有牢固的支座，从船沿以外提重物时可能会把整船弄翻，造成事故。因此，需要某种巧妙的平衡重量的系统：吊车的长臂转动，重物离船的重心越来越远，需要增加对面船舷上的平衡物的重量。在重物作返回运动时，平衡物的重量应该减轻，也就是说平衡物不可能是恒定的，而应该时而增加，时而减轻。如何实现呢？

尝试解决该问题，可以有若干措施，如在船上配有若干重物块，当船一侧起吊重物时，把重物块堆放在船舷的另一侧；在船底安装两个螺旋推进器，当某侧起吊重物时，该侧船底的螺旋推进器旋转，产生反向升力……

到底什么样的方案才是比较好的方案呢？我们在选择资源解决问题时，什么样的资源才是应该优先考虑的呢？为了获得平衡力，必须引入具有重量的物质，由于重力场的存在，有质量的物体均可提供重力以作为平衡力。到底引入何种物资效果才最为理想呢？显然，在技术系统当中，存在无限量的免费物资，那就是"水"。

问题很简单：平衡物应该来自于水（前苏联专利1202960）。对面船舷上挂一个盛水的容器（浮箱）。如果其完全沉入水中，平衡力几乎没有，如果将其逐渐从水中提起，平衡力就会逐步增加到需要的数值。解决方案模型如图4-1所示。

通过这个工程实例的分析，可以看出在选择资源解决工程问题时，应该按照提供系统理想度的方向搜索可用资源。在这个过程中有很多可以遵循的规则，这些规则就是本章的主题内容。

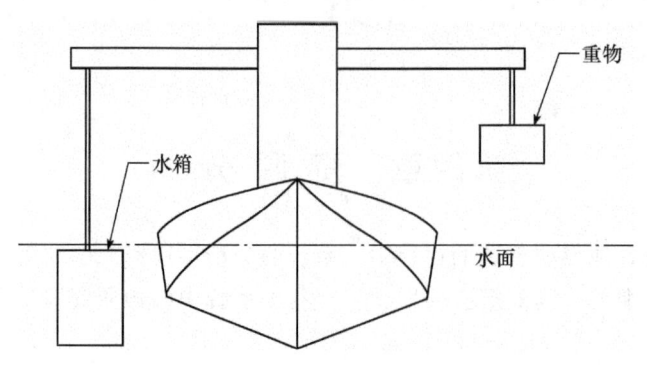

图 4-1　解决方案模型

第二节　可用资源的分类

产品的设计过程或者说创造发明的过程中，为了满足技术系统的功能，总是要利用各种资源。设计中的可用资源对创新设计起着重要的作用。特别是当问题已经接近理想解（IFR），可用资源的利用对问题的解决就更为重要。对于任何系统，只要还没有达到理想解，就应该具有可用资源。对可用资源进行深入的分析，对于产品的设计过程十分重要。

任何产品都是超系统的一部分，也是自然界的一部分。产品作为一个技术系统，总是在特定的时间和空间范围内存在，其由一定形式的物质或场组成，同时也利用特定的物质或场完成特定的功能。按照资源的特性，可对可用资源进行以下的分类。

（1）自然或环境资源，即存在于自然中的任何形式的物质材料或场。

实例：太阳能电池，其直接利用自然界中的能量资源。

（2）时间资源，即没有充分利用或根本没有利用的时间间隔，它存在于系统启动之前、关闭之后或工程环节的循环之间，如利用子系统的初始化布置时间，暂停的利用；使用同步操作；消除惰性运动等。

实例：同时烹饪不同的食物，节约宴会的准备时间。

（3）空间资源，即位置、子系统的次序、系统及超系统，包括产品的中空部分或孔状空间、子系统之间的距离、子系统的相互位置关系、对称与非对称。

实例：在食品的包装袋上放置广告。

（4）系统资源，即当改变子系统之间的连接，或在新的超系统中引入新的独立的技术时，所产生的新的功能或技术属性。

实例：将扫描仪和打印机结合使用，起到复印机的效果。

（5）物质资源，任何可以完成特定功能的物质资料。

实例：将木料直接作为燃料，放置火炉内燃烧。

（6）能量或场资源，系统中存在的或能产生的场或能量流。

实例：炼钢厂高炉利用余热发电。

（7）信息资源，即技术系统中能产生的或存在的信号，通常信息需通过载体表现出来。

实例：刀具在切削加工过程中产生的振动频谱可用于对刀具磨损状态的检测。

（8）功能资源，即技术或其环境中能够产生辅助功能的能力，如利用已经存在的中性功能或有害功能。

实例：任务规划软件功能实现要利用计算机内部的时钟。

在解决技术问题的过程中有效利用资源，通常可以产生理想的解决方案，特别是当正确使用了资源时，会带来意想不到的效益。在设计过程中深入学习资源的利用意义重大。

第三节 资源分析

资源可分为内部资源和外部资源。内部资源是在冲突（问题）发生的时间、空间区域内的资源。外部资源是在冲突（问题）发生的时间、空间区域的外部存在的资源。

内部资源与外部资源又可分为直接利用资源、导出资源和差动资源三大类。

1. 直接利用资源

直接利用资源是指在当前存在的状态下可被直接应用的资源，如物质、能量场、空间和时间资源都是可被多数系统直接应用的资源。

实例：为了防止机械零部件在工作过程中过热，通常会在可能发生过热的部位放置含有热电偶的温度控制系统。

直接利用物质资源：汽油可作为发动机的燃料。

直接利用能量资源：当汽车行驶过程中，可以通过发动机获得电能，以供给汽车的电子设备。

直接利用场资源：地球上的重力场及电磁场。

直接利用信息资源：汽车排放废气中的油或者其他颗粒，可以提供发动机工作性能的信息。

直接利用空间资源：在半导体晶片的表面放置描述性文字。

直接利用时间资源：汽车在维修的同时去超市购物。

直接利用功能资源：人站在椅子上更换屋顶的灯泡，椅子的高度就是一种可直接利用的功能资源。

2. 导出资源

通过某种变换，使不能利用的资源成为可利用的资源，这种可利用的资源称之为导出资源。原材料、废弃物、空气、水等，经过处理或变换都可以在产品中采用，从而成为可利用资源。在这个变化过程中，常常需要物理状态的改变或借助于化学反应。

导出物质资源：由直接利用资源，经过适当转换而得到的可以利用物质。例如，毛坯是通过铸造得到的材料，相对于用于铸造的原材料，其已经是一种导出资源。

导出能量资源：通过对直接利用能源的转换，或改变其作用的方向、强度或其他特性而得到的一种能源。例如，石灰溶解于水的过程中释放大量的热能；热电偶将热能转换为电子信号以方便测量温度。

导出场资源：通过对直接利用场资源的转换，或改变其作用的方向、强度或其他特性而得到的一种场资源。例如，云体与地球之间的静电场，在放电过程中转换为闪电，得到一种新的场形式，即电磁场。

导出信息资源：通过对不相关的信息进行转换，从而得到与设计需求相关的信息。实时性与精确性对于信息资源十分重要。例如，地球表面微小的磁场变化可以用来发现矿藏。

导出空间资源：通过几何形状或效应的利用而获得的额外空间。例如，通过莫比乌斯效应使磁带或带锯的工作空间成倍扩大。

导出时间资源：由于加速、减速或停顿而获得的时间间隔。例如，压缩数据以提高传输效率。

导出功能资源：通过合理的改变，产品可以完成辅助功能的能力。例如，锻模经过修正后，可以字母或标记置于锻件之上。

3. 差动资源

物质与场的不同特性是一种可形成某种技术的资源，这种资源称为差动资源。差动资源可分为差动物质资源和差动场资源两类。

1）差动物质资源

（1）结构各向异性：各向异性是指物质在不同方向上的物理属性的差异。

光学特性：金刚石只有沿对称面作出的小平面才能显示出其亮度。

电特性：石英板只有当其晶体沿某一方向被切断时才具有电致伸缩性。

声学特性：一个零件内部由于其结构有所不同，表现出不同的声学性能，使超生探伤成为可能。

机械特性：劈柴时一般是沿最省力的方向劈。

几何特性：只有球形表面符合要求的药丸才能通过药机的分拣装置。

化学性能：晶体的腐蚀往往在有缺陷的点处首先发生。

（2）材料属性差异。如合金碎片的混合物可通过逐步加热到不同合金的居里点，然后用磁性分拣的方法将不同的合金分开。

2）差动场资源

场在系统中的不均匀可以在设计中实现某些新的功能。

（1）场梯度的利用。在烟囱的帮助下，地球表面与3200m高空中的压力差，使炉子中的空气流动。

（2）空间不均匀场的利用。为了改善工作条件，工作地点应处于声场强度低的位置。

（3）利用场的值与标准值的偏差。病人的脉搏与正常人的不同，这种差异可以辅助医生分析病情；热成像原理是基于物体热辐射的差异。

第四节 资源评估原则

在进行可利用资源分析的时候，常遇到以下问题，如在问题解决的过程中，如何选择资源；搜寻可利用资源的时候是否有顺序；如何以更合理的方式利用资源。表4-1与表4-2分别给出了可利用资源的评估准则与可利用资源的有效性准则。

表 4-1 可利用资源的评估准则

可用资源评估	
定量评估	不足
	充足
	无限
定性评估	有益
	中性
	有害

表 4-2 可利用资源的有效性准则

资源的有效性	
可直接利用的程度	直接利用资源
	导出资源
	差动资源
位置	在操作区域
	在操作阶段
	在系统中
	在子系统中
	在超系统中
价值	昂贵
	便宜
	免费

在选择可利用资源的时候应当试图在解决问题的成本最低的条件下尽可能使问题解决结果最理想。下列可用资源的选择顺序可以帮助我们实现这一目标。

（1）间接资源，特别是废弃物资源的利用。

(2) 外部自然环境中的资源。
(3) 工具资源的利用。
(4) 产品的其他子系统的利用。
(5) 在可以消除相互之间的不良作用的情况下，引入全新的生资源（现有技术系统中没有的资源）。

通常我们合理利用无限量的资源，会使问题解决更容易，这种无限量的资源可以从自然环境中获得，如空气、水、物质的温度、太阳能、风能等。如果有必要利用环境中不存在的直接利用资源，可优先在技术系统中寻找可以利用的充足资源，通常这些资源与技术系统的有效功能或中性功能有关，技术系统可以产生的或消耗的物质或能量资源，再或者是技术系统中的可利用的自由空间。一般来说，我们利用有限量资源时会带来一些负面影响，增加问题解决的成本。也可以基于资源的有效性，以下列顺序检测可利用资源。

(1) 有害资源（特别是生产废弃资源、污染物、未利用的能源）。
(2) 直接可利用资源。
(3) 导出资源。
(4) 差动资源。

按上述顺序搜寻可利用资源可以提高技术系统的理想程度，改善制造系统绿色度。应当注意到，将一种简单资源转变为导出资源、差动资源，都会增加技术系统的复杂性，增加成本。上述顺序对于大多数情况是适用的，但不意味着这个顺序对于所有产品或问题的解决都是一个最佳的资源选择顺序。有些时候，子系统、产品的能量、产品的行为、产品的功能也可以提供可利用资源。

不幸的是，在问题解决过程中，所需要的资源通常是不易被人们发现，需要认真挖掘才能找到可利用资源。下面给出一些通用的建议：

(1) 将所有的资源优先集中于最重要的动作或子系统。
(2) 有效的利用资源，避免资源的损失、浪费。
(3) 将资源集中到特定的时间和空间。
(4) 利用其他过程中浪费的或损失的资源。
(5) 与其他子系统分享有用资源，动态调节这些子系统。
(6) 根据子系统隐含的功能，利用其他资源。
(7) 对其他资源进行转换，使其成为有用资源。

不同资源的特殊性，可以帮助设计者克服资源的限制。

空间：
(1) 选择最重要的子系统，将其他子系统放在空间不十分重要的位置上。
(2) 最大限度的利用闲置空间。
(3) 利用相邻子系统的某些面，或一表面的反面。

(4) 利用空间中的某些点、线、面或体积。
(5) 利用紧凑的几何形状，如螺旋线。
(6) 利用其他物体的暂时闲置的空间，动态改变其形状。

时间：
(1) 在最有价值的工作阶段，最大限度地利用时间。
(2) 使过程连续，消除停顿、空行程。
(3) 变换顺序动作为并行动作。

材料：
(1) 利用薄膜、粉末、蒸汽将少量物质扩大到一个较大的空间。
(2) 利用与子系统混合的环境中的材料。
(3) 将环境中的材料，如水、空气等，转变成为有用的材料。

能量：
(1) 尽可能提高核心部件的能量利用率。
(2) 限制利用成本高的能量，尽可能采用低廉的能量。
(3) 利用最近的能量。
(4) 利用附近系统浪费的能量。
(5) 利用环境提供的能量。

当经过上述方法仍找不到理想的可用资源时，可以尝试下述建议：
(1) 将两种或两种以上的不同资源结合。
(2) 向更高级别的技术系统更进。
(3) 分析当前所需资源是否必要，重新规范搜索方向。
(4) 运用廉价、高效的资源，对主要的产品功能替换其他的物理工作原理。
(5) 替换现有的技术动作，向相反的技术动作更进（如不再冷却子系统，而是加热它）。

在产品设计或发明创造的过程中，系统的分析可用资源的利用，有利于工程人员克服心理惯性，高效的解决问题。善于利用系统中的物质资源，是高水平发明家的标志。

思 考 题

4-1 为什么说资源分析在发明创造中至关重要？
4-2 可用资源有哪些类型？
4-3 在选择可用资源时有哪些原则需要注意？

第五章 系统功能分析

系统功能分析是从技术系统抽象的"功能"角度来分析系统，分析系统执行或完成其功能的状况。开发新技术系统时，首先需确定系统完成或实现的主要功能，然后将主要功能分解为子功能，即功能分解。改进已有技术系统时，首先是理清技术系统的主要功能及其辅助功能，以便理解系统，找出系统的问题所在。

第一节 系统功能分析概述

19世纪40年代，Miles在 *Value Engineering* 中首先明确地把"功能"作为价值工程研究的核心问题。"顾客购买的不是产品本身，而是产品所具有的功能"。功能思想的提出极大地促进了产品创新过程。

进行功能定义的意义表现为三个方面。

(1) 明确设计要求。功能定义实质上抽象表达出需求的设计本质和核心，明确设计要求，以利于设计者找出实现功能的方式。

(2) 利于功能分析。产品概念中的功能分析，就是将产品及其各个组成部分抽象成功能，进行功能定义有利于界定功能单元之间的联系。

(3) 利于开拓设计思路。功能定义只是抽象描述出需求的本质和核心，与实现功能的具体结构和形式无关，因此，设计者在思想和概念上将功能与具体结构和形式分离，有利于摆脱设计时的思想束缚，利于产品设计的创新。

功能的提出与确定通常和市场需求密切相关。通过获取需求（收集和分析市场信息）、评估需求—产品开发可行性报告、处理需求—产品设计纲要、验证产品设计纲要、拟定产品设计任务书等环节，可以把需求信息逐步细化，转化为产品开发阶段的功能的具体定义。通常功能的具体定义涉及许多技术信息，如功能要求、适应性要求、性能要求、生产能力要求、制造工艺要求、可靠性要求、使用寿命要求、经济性要求、人机工程要求、安全性要求、包装和运输要求等。

系统功能分析是一个对系统功能建模的过程，分析的结果是建立功能模型，用矩形框表示系统组件，用箭头表示组件之间的作用关系。

功能分析的目的是优化技术系统功能并减少实现功能的消耗，使技术系统以很小的代价获得更大的价值，从而提高系统的理想度。

产品的功能模型示意图，如图5-1所示。

第五章　系统功能分析

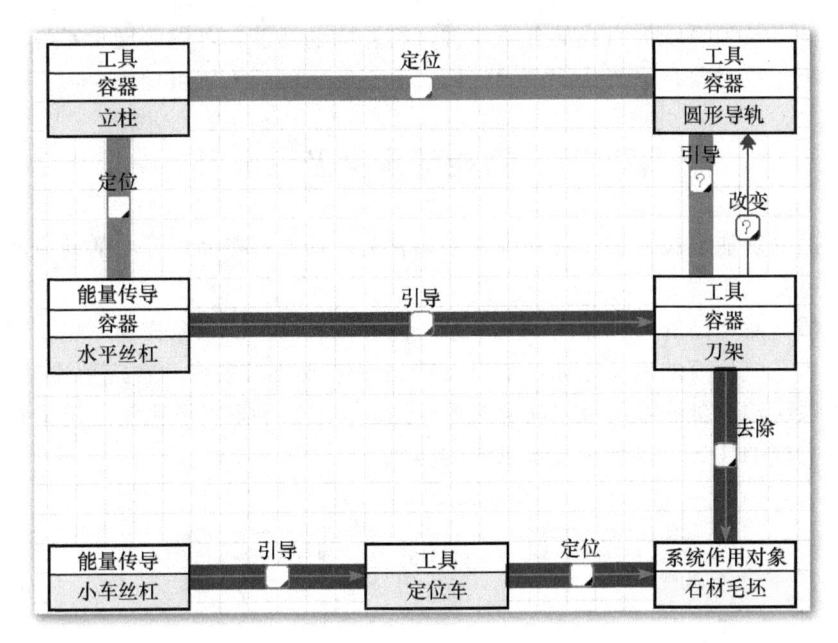

图 5-1　产品功能模型示意图

第二节　技术系统及其级别

技术系统是由物质组件组成，为满足人们的需求而实现某种功能的人工系统。技术系统的子系统是技术系统的组成部分。超系统是指包含技术系统和与它有关的其他系统的系统，如图 5-2 所示。

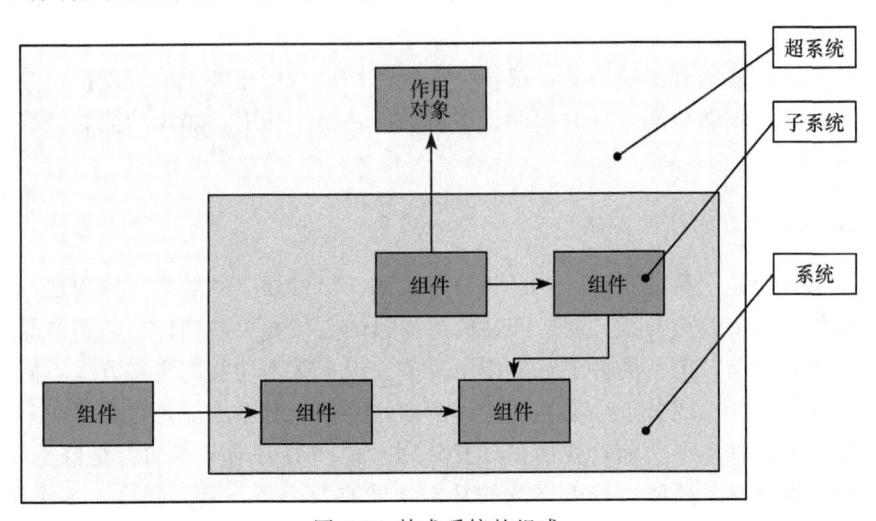

图 5-2　技术系统的组成

组件是技术系统的组成部分,组件执行一定的功能,可以等同为系统的子系统。系统作用对象是系统功能的承受体,属于特殊的超系统组件。

第三节 功能的定义及其分类

产品的功能与技术、经济等因素密切相关,功能在产品设计中的地位和重要性越来越受到重视。

功能是对产品的具体效用或技术系统能够完成任务的抽象描述,也是评价产品或技术系统价值的重要标准,功能反映出产品或技术系统的特定用途和特征,即技术系统输入量和输出量之间的关系。图 5-3 中技术系统黑箱就是这个技术系统能够完成的任务,也称为技术系统的功能。

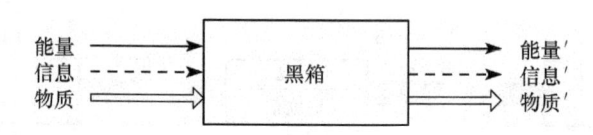

图 5-3 技术系统黑箱

通过需求设计阶段拟定出的产品设计纲要,产品欲实现的功能目标即已明确,实现功能是产品设计的最终目标,具体实现产品功能目标的设计过程就是功能设计。换言之,功能设计是将需求设计结果(产品设计任务书)抽象为功能目标的过程。由于功能是对产品具体效用的抽象描述,因此功能设计的灵感源于细致入微的体察消费者潜意识的需求,精确地把握市场需求的规律。功能设计理论认为没有饱和的市场,只有不合适的功能,而饱和是相对的,需求则是绝对的。

一个产品通常有多项功能,按各个功能的性质、用途和重要程度可以将其分为基本功能、辅助功能、目的功能、手段功能、使用功能、表现功能、必要功能和多余功能等。

1. 基本功能和辅助功能

基本功能是产品具有的、满足某种需求的、不可缺少的效能,体现出产品的用途和使用价值,是与设计制造产品的主要目的直接相关的功能。一个产品如果失去了基本功能,也就失去了它的使用价值。根据基本功能的定义方式不同,一个产品可以有一个或若干个基本功能。例如,手表的基本功能是显示时间,手表如果失去了这种基本功能,就不在具有使用价值;剪刀的基本功能是修剪物品;电灯的基本功能是照明;冷暖空调的基本功能有两个——夏天制冷,冬天制热,也可以把空调的基本功能理解为一个基本功能——调节室温;车床的基本功能是车削工件；数控加工中心有多项基本功能，能够进行车削加工、削减加工、钻孔、镗削、切制螺纹等。基本功能是产品主要的、不可缺少的要素，也是设计产品的基础。

辅助功能与基本功能并存，是产品的次要或附带的功能。它可以使产品的功能更加完善，增加产品的特色，属于锦上添花的功能。一个产品没有辅助功能，并不失去其使用价值。例如，自行车后面的书包架；轿车内的音响与空调；电视机的遥控装置都属于产品的附属功能。恰当的增加产品的附属功能，产品的成本不会显著提高，但产品的附加值却可能大幅增加。

2. 目的功能和手段功能

所有功能都存在一个确定的目标，有明确的目的。因此，不论基本功能还是辅助功能，都可以视为目的功能。除此之外，一个功能通常又是实现某一目标的手段，因此又可称其为手段功能。一般情况下，一个功能同时具有目的功能和手段功能的两重性质。例如，冰箱的目的功能是产生低温，其手段功能的效应则根据使用场合的不同而不同。如果冰箱用于家庭或超市，其手段功能表现为保鲜食品，防止食品变质；而在宾馆客房使用的冰箱，其手段功能表现为向客房提供冰冻饮料；医院中使用冰箱，则是避免药物失效的一种手段和措施。再看轿车的目的功能和手段功能，轿车的目的功能是运送乘客，但是轿车应用于家庭、公务、出租、巡警和医疗救急等不同场合时，轿车的功能就变成了实现不同目标的手段功能。

3. 使用功能和表现功能

每个产品都具有其特定的用途和效用，使用功能是体现产品使用目的、实现产品使用价值、直接满足用户使用要求的功能，它包括与技术、经济直接相关的功能。例如，铣齿机的使用功能是加工轮齿；电线的使用功能则是传导电流。

表现功能是对产品进行美化、起装饰作用的功能，通常与人的视觉、触觉、听觉等发生直接关系，影响使用者的心理感受和主观意识，一般通过产品的造型、色彩、材料等方面的设计实现这一功能。表现功能是一种精神功能或心理功能。例如，家具同时具备使用功能和表现功能。其使用功能是存储物品，其表现功能则是从视觉上给人以美的享受和鉴赏。家具也是一种文化产品，能够表现出使用者的生活特性、文化特性和社会特性。例如，法院审判席上的高靠背座椅及其色彩配置应表现出法律的尊严；而家庭使用的套椅则应给人以亲切和回归的感受。

随着市场竞争的日益加剧，在众多产品使用功能不相上下的情况下，产品的表现功能（如外观造型、色彩配置等）在市场竞争中，通常会起到举足轻重的作用。产品的表现功能通常是重要的、造成文明环境的手段功能。随着经济条件的改善，文化生活水平的提高，人类对产品表现功能的追求会日益增强。因此，现代产品设计不仅要保证使用功能的品质，而且应注意表现功能的开发，以满足人们的精神需求。对于不同类型的产品，其使用功能和表现功能的权重可能完全不同。例如，工艺品、装饰品和首饰这一类物品的表现功能远比使用功能重要；而埋在地下的管道，不与人的感官直接产生联系，其使用功能的品质是产品功能目标的重点，表现功能则处于非常次要的地位。

4. 必要功能和多余功能

必要功能能满足需求设计所要求的任何功能，它可以是基本功能、使用功能或表现功能等。当必要功能没有达到预定功能目标，则表现为功能不足。例如，如果一个机械零件的结构设计不合理，材料选用的不好，就会造成零件的强度不足，影响整台机械的可靠性、安全性和耐用性，使得机械的必要功能无法实现。

多余功能一般指产品中具有的、但产品用户并不需要或无法享用的功能。例如，进口彩色电视机具备高清晰度指标、可接收199个频道、宽屏幕显示、双声道等功能，但因中国电视台没有相应的发射信号而显多余。这些功能对于中国用户而言，属于多余功能。录像机的主要功能是录像和放像，而编辑、定时、卡拉OK等辅助功能对于一些用户而言可能就是多于功能。

另外，在产品设计中，不适当地增加安全系数；采用的公差、粗糙度超过产品的实际使用要求；选用超过功能要求的材料或元件；制定过长的寿命指标；设计不相称的寿命指标；设计不相称的表现功能，如廉价物品采用豪华包装；在产品看不见的部位装饰镀层等，也会增加产品的多余功能。当产品的安全性、可靠性、耐用性等方面采用过高限定指标时，就会表现出功能水平过剩，产生多余功能。多余功能不仅增加了产品的设计、加工制造成本，而且浪费资源，设计时应尽量避免。

功能的定义对于产品的功能设计十分关键，进行功能定义的意义表现为三个方面。

(1) 明确设计要求。功能定义实质上抽象表达出需求的设计本质和核心，明确设计要求，以利于设计者找出实现功能的方式。

(2) 利于功能分析。产品概念中的功能分析，就是将产品及其各个组成部分抽象成功能，进行功能定义有利于界定功能单元之间的联系。

(3) 利于开拓设计思路。功能定义只是抽象描述出需求的本质和核心，与实现功能的具体结构和形式无关。因此，设计者在思想和概念上将功能与具体结构和形式分离，有利于摆脱设计时的思想束缚，利于产品设计的创新。

功能定义时，通常用"动词＋名词"的方式定义。手表的实物特性抽象为

"显示时间",即用动词"显示"＋名词"时间"的方式将手表的功能定义为"显示时间"。功能定义没有固定的模式,一般用简明的语句,即"动词＋名词"的形式抽象描述功能。暖瓶的功能是"保持温度";电动机的功能是"产生转矩";联轴器的功能是"传递扭矩";采煤机的功能的是"分离物料并移位";洗碗机的功能是"去除餐具上污垢"。功能定义时采用的动词和名词的词义要明白,功能的内涵和属性要准确。

表 5-1 中列出功能定义常用动词。

表 5-1 功能定义常用动词

保持	改变	停止	通过	连接	生产	显示
安装	引导	提高	转换	形成	限定	消除
防止	取消	增大	断开	阻挡	存储	放大
固定	移动	减少	增强	改变	吸收	缩小
确定	降低	膨胀	压缩	过滤	加工	扩充
传递	支撑	悬挂	保留	维护	观察	隔绝
保护	装载	拥有	放出	放入	驱动	制约
接受	接收	提取	改善	提供	供给	弯曲

表 5-2 是功能定义时,常用动词与名词组合。

表 5-2 功能定义常用动词和名词组合

动词	名词	动词	名词	动词	名词
提供	美观	盛入	燃料	传递	动力
供给	电子		油品		扭矩
	能量		水		电流
允许	把握	支撑	重量	防止	热量
	进入	控制	压力		能量
	制动		转动		泄漏
	控制	保持	运动		生锈
	连接		热量	接收	信号
	运动	阻隔	燃烧	隔绝	尘土
	旋转		振动	连接	电路

功能定义时,尽可能抽象化。从抽象到具体,从定性到定量是产品设计的战略思想方法。抽象化是人们认识事物本质的最好突击途径,无需涉及具体解决方案,就能清晰掌握产品的基本功能,将设计者的思维集中到问题的关键点。将产品物质特性抽象为产品功能特性的过程中,要抓住本质,突出重点,淘汰次要条件,将定量参数改为定性描述,只描述功能,不涉及具体解决方法。同一功能,采用不同的功能定义,往往会得到不同的原理解或结构解。

例如，需求："取出核桃仁"。

如果将需求"取出核桃仁"定义为功能"砸壳"则实现功能的原理就是外部加压。加压的方法：①"砸"，即利用重力取出核桃仁；②"夹"，即利用杠杆原理，如采用桃核夹子取出核桃仁；③"压"，如采用螺旋压力机取出核桃仁；④"冲击"，即利用水力冲击方法取出核桃仁；⑤"射击"，将核桃作为"枪弹"射向硬靶，并由此取出核桃仁。

如果将"取出核桃仁"定义为功能"压壳"，则实现该功能的原理解可以是：①外部加压，上述各类"砸壳"的加压方法均属于外部加压；②内部加压，首先在核桃壳上钻孔，然后向壳内冲入高压气体，撑破核桃外壳，取出核桃仁；③整体加压，即首先将核桃整体加压后，再骤减外压，由此通过核桃的内外压力差（核桃内部压力高，外部压力低）撑破核桃外壳，这一方法已获得发明专利。

如果将需求"取出核桃仁"定义为功能"壳仁分离"，则实现该功能的原理解既可以采用"砸壳"是采用的原理解（砸、夹、压、冲击、射击等），也可以采用"压壳"时所用的原理解（外部加压、内部加压和整体加压等），还可利用一些其他"去壳"原理。例如，①培育薄壳核桃，人用双手就可以直接挤碎核桃皮，取出核桃仁。②用化学方法溶解核桃壳，但不会溶解桃仁。

第四节　功能分析及功能元求解

一个技术系统（产品也是一种技术系统）的功能是指输入（能量、物料或信号）与输出（能量、物料或信号）之间的一种关系。产品概念设计的功能分析，是针对产品的用途和设计要求进行详细分析，确定产品所要求的总功能目标分解成不同层次的分功能，并分别抽象描述产品总功能和各个层次上的分功能，做出明确的功能定义，由此明确总功能和各个分功能的本质，限定功能的内容，使每个功能单元在概念上能够相互区别。同时，找出总功能和分功能之间的内在联系，建立实现产品总功能的功能系统。

功能分析的作用有三点：①明确技术系统各组成部分及其功能，为下一步的设计提供思维依据；②通过功能定义，突出各个功能元的本质，使人们受到启迪，开阔思路，进行创新；③为进一步的功能评价作准备。

为便于寻求满足产品总功能的原理方案，可以将总功能分解成复杂程度相对较低的功能元，并用抽象结构模型描述总功能分解后各个功能元之间的关系，这个抽象的结构模型被称为功能系统（或功能结构）。功能系统是反映功能之间内在联系的结构模型，是实现需求总功能目标的抽象描述。

功能元是功能的基本单位，常用的基本功能元有物理功能元、数学功能元和逻辑功能元。产品设计时，将功能系统中总功能分解后的各个分功能也称为功能元。

1. 物理功能元

物理功能元反映功能系统中能量、物料、信号变化的物理基本动作。由于研究领域不同、观察问题的角度不同、抽象层次不同，物理功能元可以有不同的分类方法，可以将物理功能元定义为以下六种类型。

（1）转变——复原。包括各种类型能量之间的转变、运动形式的转变、材料性质的转变、物态的转变、信号种类的转变等。例如，电机将电能转换为机械能，曲柄滑块机构、螺旋机构将旋转运动变为直线运动。

（2）放大——缩小。指各种能量、信号矢量（力、速度等）或物理量的放大及缩小，以及物理性质的缩放。例如，齿轮转动改变角速度的大小，杠杆改变力的大小，压敏材料电阻随外部压力变化等。

（3）连接——分离。包括能量、物料、信号同质或不同质数量上的结合。除物料之间的合并、分离外，流体与能量结合成压力流体（泵）的功能也属此范围。

（4）传导——绝缘。反映能量、物料、信号的位置变化。例如，温度计是一种传导温度的物理功能载体。传导还包括单向传导和变化传导；绝缘包括离合器、开关、阀门等。

（5）存储——提取。一方面体现一定时间范围内保存的功能。例如，飞轮存储功能；弹簧存储势能；电池、电容器存储电能。另一方面反映能量的存储，例如，录音带和磁鼓反映声音信号的存储。

（6）定向——变向。改变物理矢量的方向。即改变力、转矩、速度、转速等的方向，例如，圆锥齿轮改变运动、速度和转速的传递方向。

2. 数学功能元

数学功能元反映数学的基本动作。例如，加和减、乘和除、乘方和开方、积分和微分。在机械设计中，数学功能元主要用于机械式的加减机构和除法机构。例如，差动轮系、机械台式计算机、求积仪等。

3. 逻辑功能元

逻辑功能元包括"与"、"或"、"非"三元的逻辑动作，主要用于控制功能。

功能系统中的功能元通常是功能特征的抽象描述，可以是物理功能元，数学功能元和逻辑功能元，也可以是由功能定义确定的功能目标，例如，"保持温度"，"提供视听信息"等。应当注意的是，功能元仅仅表示完成什么功能或需要完成什么功能，而功能如何实现并不属于功能元的描述范畴。

建立功能结构的注意事项如下。

(1) 在建立功能结构中应清楚地体现功能元之间的顺序关系。从逻辑关系和物理关系考察功能关系，是建立功能结构的基本方法。由逻辑关系考察功能关系时，通常先寻求出实现功能结构中总功能所必需的先后次序或功能元直接的相互保证关系，这种关系可以是功能元之间的组合关系，也可以是单一功能元输入和输出之间的关系。有物理关系考察功能关系时，一般是考察能量、物料或信号的转换关系。

(2) 在划分和排列功能元时应有理论或经验支持。划分和排列功能元时应有一定的理论依据（如符合物理作用原理等）或者经验支持，由此确保功能元能够有明确的解答。

(3) 避免遗漏必要的功能元。欲保证得到总功能的预期结果，不能漏掉必要的功能元。

(4) 功能结构应尽可能简单，这样一方面便于获取实体解答方案，另一方面利于降低成本。

功能结构建立步骤如下。

(1) 分析并确定产品总功能。设计者从产品设计任务出发，通过功能分析，确定设计任务的核心，提炼出设计对象与实现的总功能，界定出产品的功能系统边界。

(2) 分解总功能或功能元。分解总功能或功能元时，通常先考虑完成主要功能所需要的工作过程和动作再考虑完成辅助功能的工作过程和动作，根据工作过程和动作要求分解总功能和功能元。

(3) 建立功能结构时，一般根据功能结构中功能元的物理作用原理，或者根据经验，或者参照已有的类似功能系统，先确定与主要功能工作过程有关的功能元顺序，一般先提出一个粗略方案，再进一步检验并完善功能元之间的相互关系。然后再确定与主要功能相关的工作过程和动作要求，将描述辅助功能的子功能系统补充到总功能系统中。为了能够建立合适的功能结构，初定功能结构时，一般先同时建立几个不同的功能结构，然后再从中择优。

(4) 选择出最佳功能结构。在同时建立的几个功能结构中，选择出最佳的功能结构方案。选择时主要考虑四个因素：①功能实现的可能性；②实现功能的复杂程度；③是否易于获得原理解方案；④能否满足特定的功能要求。通常，先选取若干比较好的功能结构方案，再分别求解每一个功能结构的原理解方案和结构方案，最后根据各个方案的差异选出最佳，也是最合适的功能结构方案。

下面介绍几种功能元载体的求解方法。

1) 直觉法

直觉法是设计师凭借个人的智慧、经验和创造能力，包括采用后面将要讨论的几种创造性思维方法,如质量功能配置、智暴法、类比法和综合法等,充分调动设计师的灵感思维,来寻求各种分功能的原理解。

直觉思维是人对设计问题的一种自我判断,往往是非逻辑的、快速的直接抓住问题的实质,但它又不是神秘或无中生有的,而是设计者长期思考而突然获得的一种认识上的飞跃。日本富士通用电气公司职工小野,一次雨后散步,在路旁发现一张湿淋淋的展开的卫生纸,由此激发了他的灵感:天晴时,废纸是一团团的,而被雨水淋湿后,都自动伸展开来。后来,他利用"废纸干湿卷伸原理",研制成功了"纸型制动控制器",获得一项日本专利。

2) 调查分析法

设计师要了解当前国内外技术发展状况,大量查阅文献资料和专业书刊、专利资料、学术报告、研究论文等,掌握多种专业的最新研究成果。这是解决设计问题的重要源泉。

我们的知识来源于大自然,实际是有意识地研究大自然的形状、结构变化过程,对动植物生态特点深入研究,必将得到更多的启示,诱发出更多新的、可应用的功能解,或技术方案。通过对生物学和工程技术方面的相关的研究,开辟了仿生学或生物工程学科。利用自然现象来解决工程技术问题。例如,雷达与声纳的发明就是模仿蝙蝠的"导航系统",机器人的出现就是模仿人的听觉、视觉和部分思维及动作而产生。

调查分析同类机电产品对其进行功能和结构分析,研究哪些是先进可靠的,哪些是陈旧落后的、需要更新改进,这就对开发新产品、构思新方案,寻找功能原理解有益处。

3) 设计目录法

设计目录法是设计工作的一种有效工具,是设计信息的存储器、知识库。它以清晰的表格把设计过程中所需的参考解决方案加以分类、排列,供设计者查找和调用。设计目录不同于传统的设计和标准手册,它提供给设计师的不是零件的设计计算方法,而是提供分功能或功能的原理解,给设计者具体启发,帮助设计者具体构思。

第五节 技术系统的价值优化

设计是生产活动的重要组成部分。衡量设计是否成功的基本指标之一是社会效益和经济效益。它们主要体现在设计对象——产品上。对产品的社会效益和经济效益的考核,通常使用"价值"概念。

产品的价值(以 V 表示)通常定义为产品的功能(以 F 表示)与实现该功能所耗成本(以 C 表示)。用公式表示:

$$V = F/C$$

产品以其功能为社会服务。产品能实现的功能及其重要程度反映了其社会效益。此处 F 可以通过用户为获得一定功能所付的费用来表达，因而 F 表征了产品社会效益的大小与产品可能获得的经济效益密切相关。

可看出，若得到的产品功能 F 大，投入的寿命周期费用 C 少，则产品的价值 V 就高。若有两个工厂生产某产品，其功能相同而成本不同，则可认为成本低的产品价值高。若成本相同，则功能大的产品价值高。由此说明价值是一个比较的概念。其意义表示对于付出这样多的耗费而取得那么多的成果是否值得的一种衡量。

从上述公式不难推断出在产品设计中要提高产品的价值可从下述几方面入手：

(1) $\uparrow V = F\uparrow / C\downarrow$，表示通过改进产品设计，提高产品功能同时降低成本，使产品的价值得到较大的提高。

(2) $\uparrow V = F\uparrow / C\rightarrow$，表示在保持产品成本不变的情况下，由改进设计来提高产品功能，从而提高产品的价值。

(3) $\uparrow V = F\rightarrow / C\downarrow$，表示保证产品功能不变的条件下，通过改进设计或采用新工艺、新材料或改进实现功能的手段等，使成本有所降低，从而使产品的价值得到提高。

(4) $\uparrow V = F\uparrow\uparrow / C\uparrow$，表示在成本略有提高的情况下改进设计使产品功能大幅度提高。

(5) $\uparrow V = F\downarrow / C\downarrow\downarrow$，表示不影响产品主要功能前提下，改进设计略降低某些次要功能或减少某些无关功能，以求得产品成本大大降低达到提高产品的价值。

另外，成套化产品如成套设备设计，使之配套成一体，可提高系统功能，从而降低成本，提高产品价值。

近年来，在扩展产品体系时，采用以基型产品为主体，向着成套设备的目标扩展多种专业类型产品的结构、参数和总体的设计，即成套化设计，它是"机、电、气、液、光"结构一体化的设计，具有很高的使用价值。

由此看出，价值 V 是产品功能与成本，社会效益与经济效益的综合反映。现代企业之间的激烈竞争，归根结底是产品的竞争。产品的价值越高，用户越欢迎，企业所创的社会效益和经济效益也越高，企业也才有可能在竞争中立于不败之地。

价值优化对象的选择。一个产品由若干个零件组成，是否针对每个产品或所有零件都进行价值优化呢？为了保证以最小的投入获得最佳的效果，需对价值优化的对象加以选择。

对一个企业来说，价值优化对象选择的基本依据是产品价值的高低。产品价值低的即为对象。具体进行时要经过分析，研究和综合判断来决定。常用的方法有功能系数分析法和 ABC 分析法。

1) 功能系数分析法

功能系数表征该零件对产品功能的影响，反映了该零件在产品中的重要程度。功能系数越大，该零件对产品功能影响越大，越重要。

设有零件 A、B、C 等 8 种。首先根据在产品中的重要性对比，分别为各零件评分。例如，A 较 B 重要，取 A/B 为 1，否则为 0。则零件 A 的总评分为

$$P_{\mathrm{A}} = \sum \left(\frac{A}{B}, \frac{A}{C}, \frac{A}{D}, \cdots, \frac{A}{N} \right)$$

同理可以求出 P_{B} 和 P_{C}。

零件 A 的功能系数 F_{A} 可定义为

$$F_{\mathrm{A}} = \frac{P_{\mathrm{A}}}{\sum_{i=A}^{N} P_i}$$

同理，可以求得 F_{B} 和 F_{C}。功能系数越大，说明零件越重要。

成本系数，它表征该零件所占总成本的份额。若第 i 种零件成本为 C_i，产品总成本是 $C_{总}$，则成本系数 K_i，定义为 $K_i = \frac{C_i}{C_{总}}$。

零件的功值系数定义为该零件功能系数与成本系数之比，$G_i = \frac{F_i}{K_i}$，当

$G_i = 1$，则表示该零件功能价值与成本份额相当。

$G_i > 1$，则表示该零件占成本份额低，需改进其他成本偏高的部分。

$G_i < 1$，则表示该零件成本过高，与功能价值不相适应，应予改进。

2) ABC 分析法

ABC 分析法又称比重分析法。利用此种方法可以选出占成本比重大的零部件作为成本分析对象。运用此法分析时，首先要按产品的零部件列出各自所占总成本的份额。然后按所占成本份额的大小进行排列，最后将一产品的全部零部件分 A、B、C 三类。

(1) 取占零部件总数的 10%，但其成本占产品总成本的 60%～70% 的零件属 A 类；

(2) 取占零部件总数的 20%，但其成本约占产品总成本的 20% 的零件属 B 类；

(3) 取占零部件总数的 70%，其成本仅占产品总成本的 10%～20% 的零件属 C 类。

用此分类找出对产品影响最大的 A 类产品为分析重点，作为降低成本的主要对象。

第六节 技术系统裁剪法

如果技术系统需要删减其某些组件,同时保留这些组件的有用功能,从而实现降低成本,提高系统理想度,称此类问题为技术系统的裁剪问题。裁剪问题也属于一类发明问题。针对技术系统实施裁剪,可以简化系统结构,提高理想度。在企业实施专利战略的过程中,裁剪方法也是进行专利规避的重要手段,有用功能得以保留和加强,降低成本,产生新的设计方案。

系统裁剪有以下作用:①精减组件数量,降低系统的组件成本;②优化功能结构,合理布局系统架构;③体现功能价值,提高系统实现功能效率;④消除过度、有害、重复功能,提高系统理想化程度。

按照功能分析的结果,对各组件进行价值评价,通常从价值最低的组件开始实施系统裁剪,如提供辅助功能的组件、实现相同功能的组件、具有有害功能的组件,如图 5-4 所示。

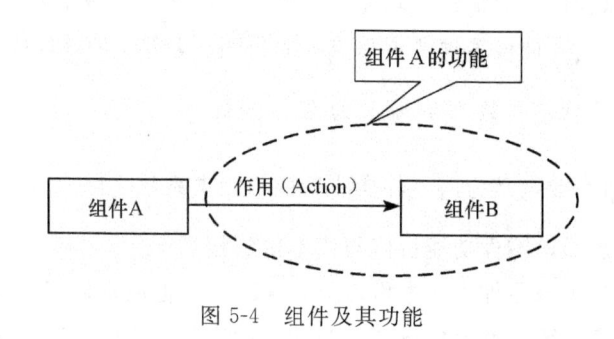

图 5-4 组件及其功能

系统裁剪的前提:确保被裁剪的组件有用功能得到重新分配。

系统裁剪通常的裁剪策略如表 5-3 所示。

表 5-3 技术系统的裁剪策略

裁剪策略	组件关系图	说　明
1		若没有作用对象 B,则 B 也就不需要工具 A 的作用 Action
2		B 能自我完成 A 所提供的作用 Action,则 A 可以被裁剪

续表

裁剪策略	组件关系图	说 明
3	A →Action→ B, C	如果技术系统或超系统中其他已有组件（Existing Part）C 可以完成 A 的功能，则 A 可以被裁剪
4	A →Action→ B, C	技术系统的新添加组件（New Part）C 可以完成 A 的功能，则 A 可以被裁剪

生活中会遇到以下情景：打吊瓶的患者在治疗过程中，需要注意输液的进程，以便通过传呼器通知护士及时更换吊瓶，这个过程会影响到患者的休息。即便是有陪护人员的情况下，也需要陪护者注意观察输液进展，特别是长期输液的情况下，陪护者也会十分疲劳，影响其他陪护工作。

上述情景与其理想状态有一定差距，出现了问题。确定系统组件层次及其相互作用关系，构建其功能模型，如图 5-5 所示。

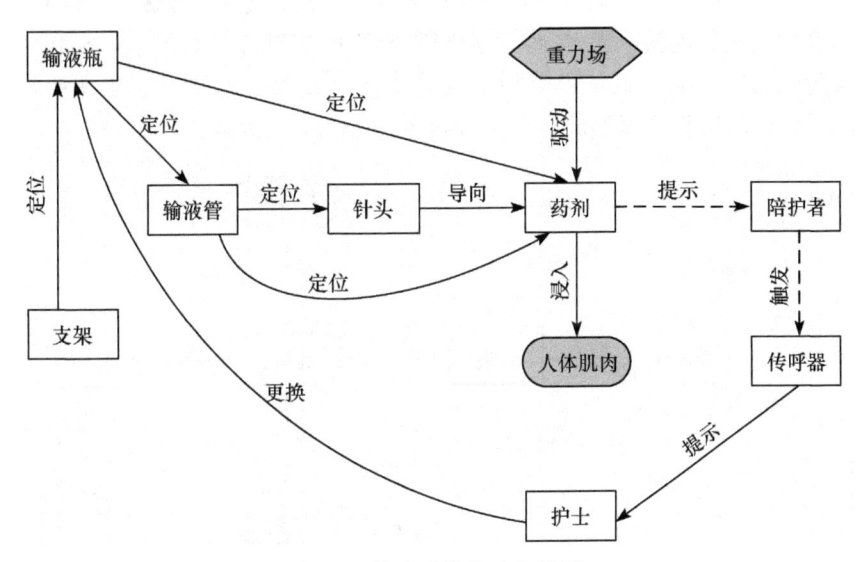

图 5-5 技术系统的功能模型

通过图 5-5 的分析可以看出，药剂在浸入过程中会对陪护者有提示作用，但是这个作用受到环境光线、时间等因素的影响，作用不够充分，从而造成陪护者的触发作用也不够充分，影响了整个系统功能实现的可靠性，其理想度需要提高。

出现问题的组件包括药剂、陪护者和传呼器。为了减轻陪护者的疲劳，令其做更多的必要陪护工作，将陪护者从技术系统中裁剪掉是一个理想的方向，可以选择功能价值低的陪护者作为裁剪对象。

如图 5-6 所示，在"药剂"与"陪护者"之间，"陪护者"作为 Object 裁剪掉的话，根据裁剪策略 1，其也不再需要"药剂"的"提示"作用。在"陪护者"与"传呼器"之间，"陪护者"裁剪掉后，其作为工具施加的"触发"作用是有用的功能，需要重新分配给其他组件。根据裁剪策略 4，在技术系统中引入新的组件，令其施加"触发"作用。

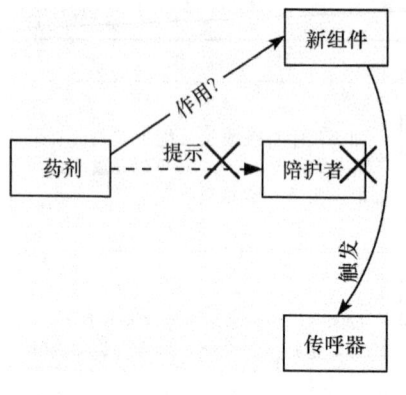

图 5-6 系统组件的裁剪与功能分配

针对新引入的组件展开物质流、能量流、信息流作用分析，以确定其具体的形式及其与其他组件的关系。新组件欲完成"触发"作用，其需提供一定形式的机械能，而且"触发"作用需反映"药剂"的"浸入"进程，故"药剂"与"新组件"之间要有一定的作用，以实现信息的转换。

针对技术系统展开可用资源分析，选择可以利用的能量场形式，如重力场，将"弹簧"作为一种新组件，通过"药剂"浸入量的变化，改变"弹簧"的拉伸状态。

随着"药剂"的浸入量增加，"弹簧"的拉伸变形长度会缩短，在特定位置会触发传呼器的电流开关，提示护士及时更换，裁剪后的技术系统功能模型如图 5-7 所示。根据此原理形成的概念方案示意如图 5-8 所示。

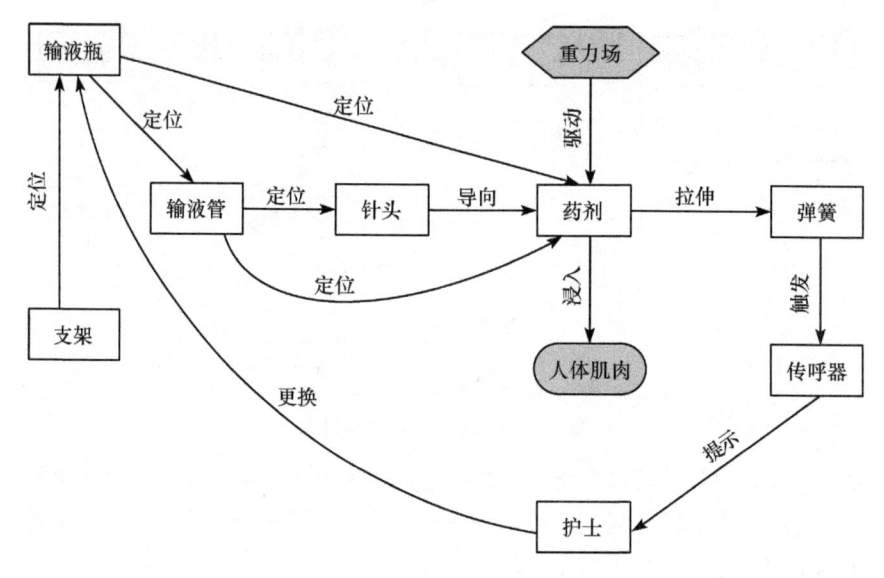

图 5-7 实施裁剪后的功能模型

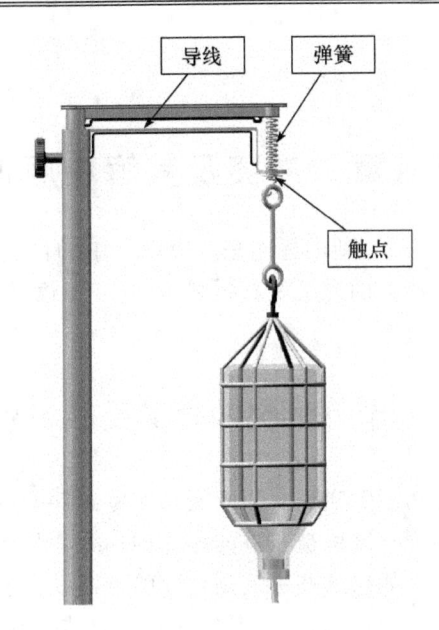

图 5-8　概念方案示意图

思 考 题

5-1　系统功能分析的目的是什么？
5-2　什么是技术系统？其通常分为几个级别？
5-3　功能的含义是什么？其通常分为哪几个类型？
5-4　举例说明功能元的含义。
5-5　功能元求解通常有哪几种方法？
5-6　简述技术系统价值优化的方法。
5-7　什么是系统裁剪法？

第六章 冲突及其解决原理

TRIZ 理论认为，产品创新的标志是解决设计中的冲突，而产生新的有竞争力的解。本章重点讲解冲突的含义及其描述方法，TRIZ 为冲突的解决提供了大量的解决原理。

第一节 冲突的含义及其类别

产品设计的目的是功能的实现。当改变某些零部件的设计以提高产品的某方面性能时，可能会影响到与这些被改进的零部件相关的其他零部件，从而导致其他方面的性能受到影响，如果这些影响是负面的，则设计过程中出现了冲突。

TRIZ 理论认为，发明问题的核心是解决冲突，未克服冲突的设计不是创新设计。产品更新换代的过程就是不断解决产品所存在冲突的过程。设计人员在设计过程中不断地发现并解决冲突，促使产品向其理想解方向进化。

TRIZ 理论研究的冲突主要分为物理冲突和技术冲突。物理冲突是指为了实现某种功能，一个子系统或元件应具有一种特性，但同时又出现了与此特性相反的特性。技术冲突是指一个作用同时导致有用及有害两种结果，也可以指有用作用的引入或有害效应的消除导致一个或几个子系统或系统变坏。

TRIZ 与折中法不同，在选择冲突参数 A 与 B 时，既要使参数 A 所影响的质量提高，又要使参数 B 所影响的质量提高或无影响，即要解决冲突。两种解法的区别如图 6-1 所示。

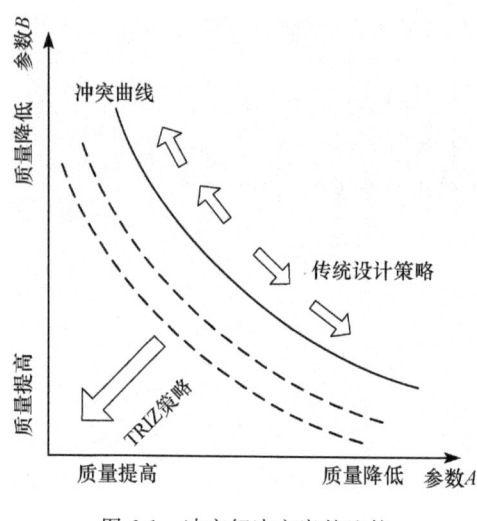

图 6-1 冲突解决方案的比较

第二节 技术冲突解决原理

为了更好地描述冲突，TRIZ 理论提出用 39 个通用工程参数，以将冲突描述通用化、标准化。利用该方法把实际工程设计中的冲突转化为一般的或标准的技术冲突。为了更好地解决设计中的冲突，TRIZ 提出了 40 条发明原理。冲突解决矩阵是一个 40×40 的矩阵，其中第 1 行和第 1 列为顺序排列的标准工程参数序号。除第 1 行和第 1 列，其余 39 行和 39 列形成一个矩阵，其元素为一组数字或为空，这组数字代表解决相应冲突的发明原理序号，如图 6-2 所示。

优化的技术参数 \ 恶化的技术参数	1 运动物体的质量	2 静止物体的质量	...	10 力	...	38 自动化程度	39 生产率
...	...						
7 运动物体的体积							
8 静止物体的体积				2,18,37			
...	...						
39 生产率							

图 6-2 冲突矩阵

39 个工程参数如表 6-1 所示，其含义如下。

表 6-1 39 个通用工程参数名称

序号	工程参数名称	序号	工程参数名称	序号	工程参数名称
1	运动物体的质量	14	强度	27	可靠性
2	静止物体的质量	15	运动物体作用时间	28	测试精度
3	运动物体的长度	16	静止物体作用时间	29	制造精度
4	静止物体的长度	17	温度	30	物体外部有害因素作用的敏感性
5	运动物体的面积	18	光照度	31	物体产生的有害因素
6	静止物体的面积	19	运动物体的能量	32	可制造性
7	运动物体的体积	20	静止物体的能量	33	可操作性
8	静止物体的体积	21	功率	34	可维修性
9	速度	22	能量损失	35	适应性及多用性
10	力	23	物质损失	36	装置的复杂性
11	应力或压力	24	信息损失	37	监控与测试的困难程度
12	形状	25	时间损失	38	自动化程度
13	结构的稳定性	26	物质或事物的数量	39	生产率

(1) 运动物体的质量——在重力场中运动物体所受到的重力,如运动物体作用于其支撑或悬挂装置上的力。

(2) 静止物体的质量——在重力场中静止物体所受到的重力,如静止物体作用于其支撑或悬挂装置上的力。

(3) 运动物体的长度——运动物体的任意线性尺寸,不一定是最长的,都认为是其长度。

(4) 静止物体的长度——静止物体的任意线性尺寸,不一定是最长的,都认为是其长度。

(5) 运动物体的面积——运动物体内部或外部所具有的表面或部分表面的面积。

(6) 静止物体的面积——静止物体内部或外部所具有的表面或部分表面的面积。

(7) 运动物体的体积——运动物体所占有的空间体积。

(8) 静止物体的体积——静止物体所占有的空间体积。

(9) 速度——物体的运动速度、过程或活动与时间之比。

(10) 力——力是两个系统之间的相互作用。对于牛顿力学,力等于质量与加速度之积,在 TRIZ 中,力是试图改变物体状态的任何作用。

(11) 应力或压力——单位面积上的力。

(12) 形状——物体外部轮廓,或系统的外貌。

(13) 结构的稳定性——系统的完整性及系统组成部分之间的关系。磨损、化学分解及拆卸都降低稳定性。

(14) 强度——强度是指物体抵抗外力作用使之变化的能力。

(15) 运动物体作用时间——物体完成规定动作的时间、服务期。两次误动作之间的时间也是作用时间的一种度量。

(16) 静止物体作用时间——物体完成规定动作的时间、服务期。两次误动作之间的时间也是作用时间的一种度量。

(17) 温度——物体或系统所处的热状态,包括其他热参数,如影响改变温度变化速度的热容量。

(18) 光照度——单位面积上的光通量,系统的光照特性,如亮度、光线质量。

(19) 运动物体的能量——能量是物体做功的一种度量。在经典力学中,能量等于力与距离的乘积。能量也包括电能、热能及核能等。

(20) 静止物体的能量——能量是物体做功的一种度量。在经典力学中,能量等于力与距离的乘积。能量也包括电能、热能及核能等。

(21) 功率——单位时间内所作的功,即利用能量的速度。

(22) 能量损失——为了减少能量损失，需不同的技术来改善能量的利用。

(23) 物质损失——部分或全部、永久或临时的材料、部件或子系统等物质的损失。

(24) 信息损失——部分或全部、永久或临时的数据损失。

(25) 时间损失——时间是指一项活动所延续的时间间隔。改进时间的损失指减少一项活动所花费的时间。

(26) 物质或事物的数量——材料、部件及子系统等的数量，它们可以被部分或全部、临时或永久的被改变。

(27) 可靠性——系统在规定的方法及状态下完成规定功能的能力。

(28) 测试精度——系统特征的实测值与实际值之间的误差。减少误差将提高测试精度。

(29) 制造精度——系统或物体的实际性能与所需性能之间的误差。

(30) 物体外部有害因素作用的敏感性——物体对受外部或环境中的有害因素作用的敏感程度。

(31) 物体产生的有害因素——有害因素将降低物体或系统的效率，或完成功能的质量。这些有害因素是由物体或系统操作的一部分而产生的。

(32) 可制造性——物体或系统制造过程中简单、方便的程度。

(33) 可操作性——要完成的操作应需要较少的操作者、较少的步骤以及使用尽可能简单的工具。一个操作的产出要尽可能多。

(34) 可维修性——对于系统可能出现失误所进行的维修要时间短、方便和简单。

(35) 适应性及多用性——物体或系统响应外部变化的能力，或应用于不同条件下的能力。

(36) 装置的复杂性——系统中元件数目及多样性，如果用户也是系统中的元素将增加系统的复杂性。掌握系统的难易程度是其复杂性的一种度量。

(37) 监控与测试的困难程度——如果一个系统复杂、成本高、需要较长的时间建造及使用，或部件与部件之间关系复杂，都使得系统的监控与测试困难。测试精度高，增加了测试的成本也是测试困难的一种标志。

(38) 自动化程度——系统或物体在无人操作的情况下完成任务的能力。自动化程度的最低级别是完全人工操作。最高级别是机器能自动感知所需的操作、自动编程和对操作自动监控。中等级别的需要人工编程、人工观察正在进行的操作、改变正在进行的操作及重新编程。

(39) 生产率——单位时间内所完成的功能或操作数。

40条发明原理名称如表6-2所示。

表6-2 40条发明原理的名称

序号	原理名称	序号	原理名称	序号	原理名称	序号	原理名称
1	分割	11	预补偿	21	紧急行动	31	多孔材料
2	分离	12	等势性	22	变有害为有益	32	改变颜色
3	局部质量	13	反向	23	反馈	33	同质性
4	不对称	14	曲面化	24	中介物	34	抛弃与修复
5	合并	15	动态化	25	自服务	35	参数变化
6	多用性	16	未达到或超过的作用	26	复制	36	状态变化
7	嵌套	17	维数变化	27	低成本、不耐用的物体代替昂贵耐用的物体	37	热膨胀
8	质量补偿	18	振动	28	机械系统的替代	38	加速强氧化
9	预加反作用	19	周期性作用	29	气动与液压结构	39	惰性环境
10	预操作	20	有效作用的连续性	30	柔性壳体或薄膜	40	复合材料

发明原理及其应用如下。

1) 分割

解释：（1）把一个物体分为相互独立的几个部分；

（2）把物体分成比较容易装配及拆卸的部分；

（3）增加物体间相互独立部分的程度。

实例：（1）用多台计算机取代一台大型计算机以完成同样的功能；

（2）为了便于安装与运输，交通灯的电杆子由可以折叠的部分装配而成；

（3）百叶窗。

2) 分离

解释：（1）把物体中的"干扰"部分分离出去；

（2）把物体中的关键部分分离出来。

实例：（1）为避免病人接触不必要的过多X光，采用特殊形状的铅屏保护不必须照射X光的人体部位；

（2）飞机候机大厅中的专用吸烟室。

3) 局部质量

解释：（1）把物体或环境的均匀结构变成不均匀；

（2）使物体的不同组成部分完成不同的功能；

（3）使物体的每一组成部分都最大限度发挥作用。

实例：（1）增加建筑物下部的墙厚，使其承受更多的载荷；

（2）午餐饭盒被放置为不同的空间，使其功能不同，放置热食、冷食等；

  （3）带有起钉器的榔头。

4）不对称

解释：（1）把物体的对称形状变为不对称形状；

  （2）如果一个物体已经是不对称的，那么增加其不对称的程度。

实例：（1）搅拌容器中的不对称叶片；

  （2）轮胎的一侧强度大于另一侧，以增强其抗冲击的能力。

5）合并

解释：（1）在空间上将相似的物体连接起来，使其完成并行的操作；

  （2）在时间上合并相似或相连的操作。

实例：（1）将两个电梯合并起来升降过宽的物品；

  （2）并行设计。

6）多用性

解释：（1）使一个物体能完成多项功能，可以减少原设计中完成这些功能多个物体的数量；

  （2）利用标准的特性。

实例：（1）装有牙膏的牙刷柄；

  （2）采用标准件，如螺钉、螺母等。

7）嵌套

解释：（1）将一个物体放在第二个物体中，将第二个物体放在第三个物体中，以此类推；

  （2）使一个物体穿过另一个物体的空腔。

实例：（1）不倒翁；

  （2）收音机伸缩式天线；

  （3）汽车安全带卷收器。

8）质量补偿

解释：（1）用另一个能产生提升力的物体补偿第一个物体的质量；

  （2）通过与环境相互作用，产生空气动力或流体力的方法补偿第一个物体的质量。

实例：（1）用气球使电缆跨越河流；

  （2）在原木中注入发泡剂，使其更好的漂流；

  （3）起重机配重。

9）预加反作用

解释：（1）预先施加反作用；

  （2）如果一个物体处于或将处于拉伸状态，预先增加压力。

实例：（1）缓冲器能吸收能量、减少冲击带来的负面影响；
　　　（2）浇注混凝土之前，预压缩钢筋。

10) 预操作

解释：（1）在操作之前，是物体局部或全部产生所需的变化；
　　　（2）预先对物体进行特殊安排，使其在时间上有准备，或已处于易操作的位置。

实例：（1）预先涂上胶的壁纸；
　　　（2）灌装生产线中使所有瓶口朝一个方向，以增加灌装效率。

11) 预补偿

解释：采用预先准备好的应急措施补偿物体相对较低的可靠性。

实例：（1）飞机上的降落伞；
　　　（2）汽车安全气囊；
　　　（3）有毒液体容器贴上特殊标志，以便容易辨认；
　　　（4）为防止偷窃，未经付款的物品在带离商店时会触发报警器。

12) 等势性

解释：改变工作条件，使物体不需要被升高或者降低。

实例：（1）集装箱不是直接吊起装上卡车，而是用液压机稍微顶起推入卡车内；
　　　（2）与冲床工作台高度相同的工件输送带，将冲好的零件输送到另一个工位。

13) 反向

解释：（1）将一个问题中所规定的操作改为相反的操作；
　　　（2）使物体中的运动部分静止，静止部分运动；
　　　（3）使一个物体的位置颠倒。

实例：（1）当铸造大型薄壁零件时，让装有铁水的容器静止，而让放置零件的工作台运动；
　　　（2）一个游泳训练装置，让水流动而游泳者位置不变；
　　　（3）工件旋转，刀具固定；
　　　（4）拆卸处于紧配合的两个零件，采用冷却内部零件的方法。

14) 曲面化

解释：（1）将直线或平面部分用曲线或曲面代替；
　　　（2）采用辊、球和螺旋；
　　　（3）用旋转运动代替直线运动，采用离心力。

实例：（1）机场中的圆形跑道有无限的长度；
　　　（2）为了增加建筑结构的强度，采用弧或拱；

　　　　（3）洗衣机采用旋转产生离心力的方法，去除湿衣服中的部分水分。
15）动态化
解释：（1）使一个物体或其环境在操作的每一个阶段自动调整，已达到优化的性能；
　　　（2）划分一个物体成具有相互关系的元件；
　　　（3）如果一个物体是静止的，使其变为运动的或者可改变的。
实例：（1）可调整反光镜；
　　　（2）计算机碟形键盘；
　　　（3）检测发动机用柔性光学内孔检测仪；
　　　（4）可调整座椅。

16）未达到或超过的作用
解释：如果完全达到所希望的效果是困难的，稍微未达到或稍微超过预期效果将大大简化问题。
实例：（1）滚筒外壁可将缸筒浸泡在盛漆的容器中完成，但取出缸筒后外壁粘漆太多，通过快速旋转可以甩掉多余的漆；
　　　（2）用灰泥填墙上的小洞时，首先多填一些，之后再将多余的部分去掉。

17）维数变化
解释：（1）将一维空间中运动或静止的物体变成在二维空间中运动或静止的物体，在二维空间中的物体变成三维空间中的物体；
　　　（2）用多层安排的对象来代替单排的排列；
　　　（3）使物体倾斜或改变其方向；
　　　（4）使用给定表面的反面。
实例：（1）五轴机床的刀具可被定位在任意所需的位置上；
　　　（2）能装 6 个 CD 的音响不仅增加了连续放音乐的时间，也增加选择性；
　　　（3）自卸车；
　　　（4）叠层集成电路；
　　　（5）在树下放置反射起来提高对太阳光的利用。

18）振动
解释：（1）使物体处于振荡或振动状态；
　　　（2）如果振动存在，增加其振动频率甚至增加到超声波；
　　　（3）使用共振频率；
　　　（4）使用电振动代替机械振动；
　　　（5）使超声振动与电磁场耦合。

实例：（1）电动雕刻工具具有振动刀片；
　　　（2）通过振动分选粉末；
　　　（3）利用超声共振消除胆结石或肾结石；
　　　（4）石英晶体振动驱动高精度的表；
　　　（5）在手术中采用超声波接骨法。

19）周期性作用

解释：（1）使用周期性的运动或脉动来代替连续运动；
　　　（2）对周期性的运动改变其频率；
　　　（3）在两个无脉动的运动之间增加新的作用。

实例：（1）使报警器声音脉动变化，代替连续的报警声音；
　　　（2）通过调频传递信息；
　　　（3）医用呼吸器系统中，每压迫胸部 5 次，呼吸 1 次。

20）有效作用的连续性

解释：（1）不停地工作，使所有的部分每时每刻都满负荷的工作；
　　　（2）消除运动过程中的中间间歇；
　　　（3）用旋转运动代替往复运动。

实例：（1）当车辆停止运行时，飞轮或液压蓄能器储存能量；
　　　（2）针式打印机的双向打印；
　　　（3）转动的实验桌。

21）紧急行动

解释：以最快的速度完成有害的操作。

实例：（1）刀具以极快的速度切削管路；
　　　（2）"要想成功，以两倍的速度失败"。

22）变有害为有益

解释：（1）利用有害的因素，特别是对环境有害的因素，获得有益的效果；
　　　（2）通过与另一个有害因素结合，消除一种有害作用；
　　　（3）加大一种有害因素的程度使其不再有害。

实例：（1）利用余热发电；
　　　（2）利用秸秆做板材原料；
　　　（3）热力发电厂排除的气体必须经过净化，可以经过碱性污水吸收酸性气体，这样有效抑制污染物的有害成分。

23）反馈

解释：（1）引进反馈，改进过程或行动；
　　　（2）如果反馈已经被使用，改变它的大小或者灵敏度。

实例：（1）加工中心自动检测装置；

(2) 飞机接近机场时，改变自动驾驶系统的灵敏度；
(3) 含模糊控制的温度调节装置。

24）中介物

解释：(1) 使用中介物传递某一物体或某一中间过程；
(2) 将一容易移动的物体与另一个物体暂时结合。

实例：(1) 机械传动中的惰轮；
(2) 磨粒改善水射流切削的效果。

25）自服务

解释：(1) 使一物体通过附加功能产生自己服务于自己的功能；
(2) 利用废气的材料，能源或物质。

实例：(1) 挖掘机悬臂上安装一个双作用的汽缸，作业时给铲斗提供空气，减少土壤和铲斗的摩擦，也可以防止卸土时土壤附着在铲斗上；
(2) 钢厂余热发电装置。

26）复制

解释：(1) 使用简单、便宜的复制品代替复杂的、昂贵的，易脆或者不易操作的物体；
(2) 用光学拷贝或图像代替物体本身，可以放大或缩小图像；
(3) 如果已使用了可见光拷贝，用红外线或紫外线代替。

实例：(1) 通过虚拟现实技术可以对未来的复杂系统进行研究；
(2) 通过对模型的试验来代替对真实系统的试验；
(3) 通过看一名教授的讲座录像可以代替亲自参加他的讲座；
(4) 为测量正在运行的火车上的原木体积，根据其照片进行测量和计算；
(5) 利用红外线成像探测热源。

27）低成本、不耐用的物体代替昂贵、耐用的物体

解释：用一些低成本物体代替昂贵物体，用一些不耐用物体代替耐用物体。

实例：(1) 一次性纸杯；
(2) 门前的擦鞋垫；
(3) 用纸衣服/衣裙代替真实衣服/衣裙。

28）机械系统的替代

解释：(1) 用感官、听觉、嗅觉系统取代机械的系统；
(2) 使用电场，磁场和电磁领域的相互作用完成与物体的相互作用；
(3) 将固定场变为移动场，将静态场变为动态场；
(4) 将铁磁离子用于场的作用之中。

实例：(1) 在天然气中混入难闻的气体代替机械或电器传感器来警告人们天

然气的泄露；
(2) 为了混合两种粉末，使其中一种带正电荷，另一种带负电荷；
(3) 定点加热系统；
(4) 利用居里点，改变铁磁物质特性。

29）气动与液压结构

解释：物体的固定零件可用气动或液压零部件代替。

实例：(1) 车辆减速时用液压系统储存能量，车辆运行时放出能量；
(2) 可充气的床垫。

30）柔性壳体或薄膜

解释：(1) 使用柔性壳体弹和薄膜来代替传统结构；
(2) 使用柔性壳体或薄膜将物体与环境隔离。

实例：(1) 薄膜制造的充气结构作为网球场的冬季覆盖物；
(2) 鸡蛋专用箱。

31）多孔材料

解释：(1) 使物体多孔回通过插入、涂层等增加多孔元素；
(2) 如果一个物体已经多孔，使用这些孔引入有用的物质或功能。

实例：(1) 在一结构上钻孔，以减轻质量；
(2) 充气砖；
(3) 泡沫材料。

32）改变颜色

解释：(1) 更改物体或环境的颜色或其外部环境；
(2) 改变一个物体的透明度，或改变某一过程的可视性；
(3) 采用有颜色的添加物，使不易被观察到的物体或过程被观察到；
(4) 如果已增加了颜色添加物，则采用发光的轨迹。

实例：(1) 洗相的暗房中要采用安全的光线；
(2) 绷带由透明物质做成，可以从绷带外部观察伤口的变化情况；
(3) 为了观察透明管路内的水是处于层流还是紊流，使带颜色的某种流体从入口流入；
(4) 红色警示牌。

33）同质性

解释：采用相同或相似的物质制造与某物体相互作用的物体。

实例：(1) 用气态氧解冻固态氧；
(2) 为了防止变形，邻近的材料应有相似的膨胀悉数。

34）抛弃与恢复

解释：(1) 当一个物体完成了其功能或变的无用时，抛弃或修改该物体中的

　　　　　　一个元件；
　　　　（2）立即修复一个物体中所消耗的部分。
实例：（1）可降解的胶囊作为药面的包装；
　　　　（2）可降解餐具；
　　　　（3）子弹壳；
　　　　（4）自刃磨刀具。

35）参数变化

解释：（1）改变对象的物理状态，如气体、液体或固体；
　　　　（2）改变物体的浓度或黏度；
　　　　（3）改变物体的柔性；
　　　　（4）改变温度；
　　　　（5）改变压力。
实例：（1）氧气处于液态，便于运输；
　　　　（2）从使用角度来看，液态香皂的黏度高于固态香皂，且使用方便；
　　　　（3）用三级可调减振器代替轿车中不可调减振器；
　　　　（4）如使金属的温度升高到居里点以上时，金属由铁磁体变为顺磁体；
　　　　（5）采用真空吸入的方法。

36）状态变化

解释：在物质状态变化过程中实现某种效应如体积变化、损失或吸收热量等。
实例：（1）合理利用水在结冰时体积膨胀的原理；
　　　　（2）热泵利用吸热散热原理；
　　　　（3）轴与轴套的加热装配。

37）热膨胀

解释：（1）使用材料的热膨胀或收缩性质；
　　　　（2）使用多个不同热膨胀系数的材料。
实例：（1）为了实现两个零件的过盈配合，将内部零件冷却，外部零件加热，之后装配；
　　　　（2）双金属片传感器。

38）加速强氧化

解释：使氧气从一个级别转变到另一个级别。
实例：（1）为了获得更多的热量，焊枪里通入氧气，而不是空气；
　　　　（2）氧吧。

39）惰性环境

解释：（1）用惰性环境代替通常环境；

(2) 在某一物体里添加自然部件或惰性成分。

实例：(1) 为了防止炽热灯的失效，让其置于氩气中；

(2) 用泡沫隔离氧气，起到灭火作用。

40) 复合材料

解释：将材质单一的材料改为复合材料。

实例：(1) 玻璃纤维与木材相比，其在形成不同的形状时更容易控制；

(2) 钢筋混凝土结构；

(3) 混合纤维地毯。

运用冲突解决矩阵时，首先针对具体问题确定技术冲突，然后将该技术冲突采用标准的两个工程参数进行描述，通过标准工程参数序号在冲突矩阵中确定可采用的发明原理，最后将发明原理产生的一般解转化为具体问题的特殊解。该过程如图 6-3 所示。

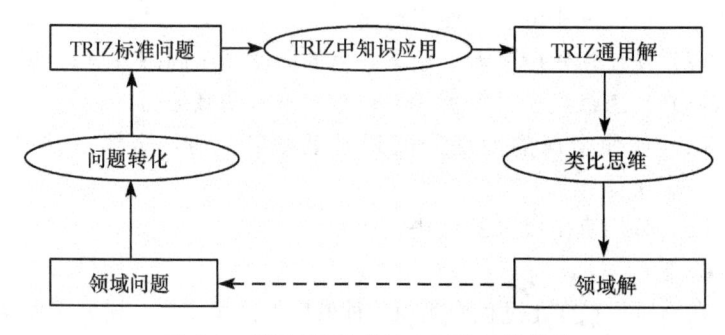

图 6-3 基于 TRIZ 的冲突解决过程模型

第三节 物理冲突解决原理

物理冲突是指技术系统出现了截然相反的两个性质的技术需求。分离原理为物理冲突提供解决方法。通常，分离原理有如下四种形式。

1. 空间分离

将冲突双方在不同的空间分离，以降低解决问题的难度。当关键子系统冲突双方在某一个空间只出现一方时，空间分离是可能的。

潜水艇利用电缆拖着千米以外的声纳探测器，以在黑暗的海洋中感知外部世界的信息。被拖的声纳探测器和产生噪声的潜水艇在空间上处于分离状态。

2. 时间分离

将冲突双方在不同的时间分离，以降低解决问题的难度。当关键子系统冲突双方在某一个时间只出现一方时，时间分离是可能的。

折叠自行车在行走时体积较大，在存储时因为折叠而体积较小。行走和存储发生在不同的时间段，采用了时间分离。

3. 基于条件的分离

将冲突双方在不同的条件下分离，以降低解决问题的难度。当关键子系统冲突双方在某一条件下只出现一方时，基于条件的分离是可能的。

应用该原理时，首先应回答如下问题：

是否冲突一方在所有条件下都要求"正向"或"负向"变化；在某些条件下，冲突的一方是否可以不按一个方向变化；如果冲突的一方可以不按一个方向变化，利用基于条件的分离原理是可能的。

输水管路冬季如果水结冰管路将被冻裂。采用弹塑性好的材料制造的管路可解决该问题。

4. 整体与局部的分离

冲突双方在不同的层次分离，以降低解决问题的难度。当冲突双方在关键子系统层次只出现一方，而该方在子系统、系统和超系统层次内不出现时，整体与局部的分离是可能的。

自行车链条在微观上是刚性的，在宏观上是柔性的。

第四节 分离原理与发明原理的关系

英国 Bath 大学的 Mann 通过研究提出，解决物理冲突的分离原理与解决技术冲突的发明原理之间存在关系，如表 6-3 所示。

表 6-3 分离原理与发明原理的关系

分离原理	发 明 原 理
空间分离	1、2、3、4、7、13、17、24、26、30
时间分离	9、10、11、15、16、18、19、20、21、29、34、37
整体与部分分离	12、28、31、32、35、36、38、39、40
条件分离	1、7、25、27、5、22、23、33、6、8、14、25、35、13

第五节 冲突解决原理的应用

有杆抽油方法是最广泛的抽油方法，目前全世界拥有 85 万多口机械采油井，其中有78万多口有杆抽油机井，占世界机械采油井的91%。游梁式采油机由于其结构简单，可靠性高，并宜于在全天候状态下工作，是一种应用广泛的有杆抽油设备。钢丝绳是游梁式抽油机中的韧性连接，连接驴头与抽油杆，将抽油机的动力传递给井下深井泵，其上部嵌在驴头上，下部悬挂悬绳器，与抽油杆连接，如图6-4所示。

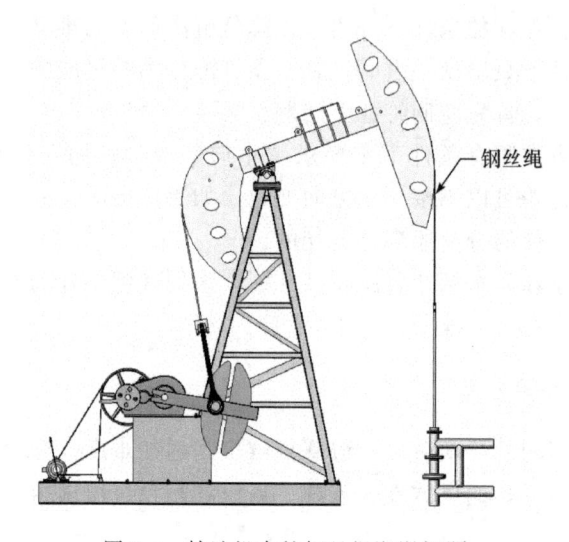

图6-4 抽油机中的钢丝绳润滑问题

钢丝绳在野外全天候状态下工作过程中，受到较大的交变载荷，受自然环境的影响，易出现锈蚀或断裂等失效行为，严重影响着抽油机的正常工作。通常，工作现场没有专门的维护工具，多年来应用的传统钢丝绳维护方式是人工涂抹黄油，但是高空作业不利于保证工人的人身安全，且长时间的停井会引起井下作业的条件恶化。因此，钢丝绳的及时保养成为保证游梁式抽油机高效工作的重要环节之一。上述情景中显然出现了冲突，钢丝绳的及时润滑成为解决问题的关键。构思钢丝绳润滑装置的功能原理方案是其概念设计的重点。

分析现有的解决方案，人工涂抹黄油是常用的润滑方式，工人普遍采用，但是存在人身安全隐患，费时费力。此冲突可以选取39个工程参数中的两个加以描述。现有的润滑流程容易组织，选取的优化的参数——No.33操作流程的方便性，但是同时带来了安全隐患和井下作业条件的恶化，选取的恶化的参数——No.30作用于物体的有害因素，如图6-5所示。

在CAI软件环境中，可以方便的通过冲突矩阵实现发明原理实例库的搜索，如图6-6所示，为在Pro/Techniques 5.0中的发明原理知识库。

冲突矩阵推荐四条发明原理解决此技术冲突，四条发明原分别是"分离（抽取）"、"自服务"、"机械系统替代"和"惰性环境"。

第六章　冲突及其解决原理

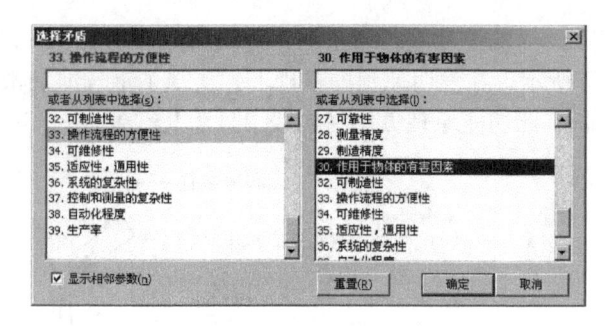

图 6-5　冲突的标准化

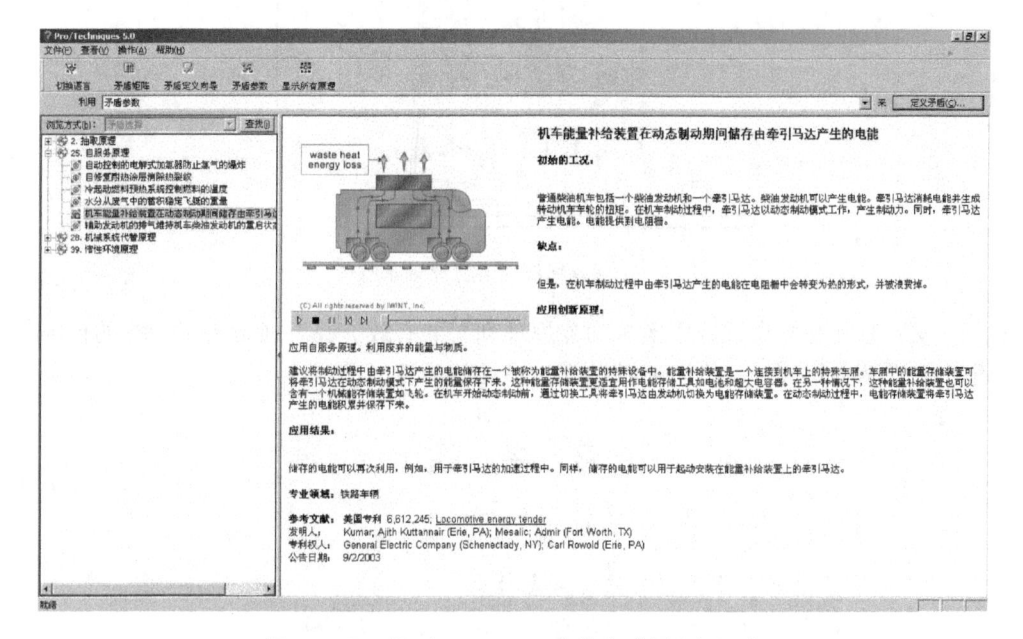

图 6-6　Pro/Techniques 5.0 中的发明原理知识库

其中,"自服务"原理的含义是,一个物体通过辅助功能或维护功能为自身服务;利用废弃的资源、能量或物质。"自服务"原理为冲突的解决提供了有效的启示。如果抽油机在运行过程中能够自我完成钢丝绳的润滑功能,是比较理想的工作方式。TRIZ 中包括 7 种潜在的资源类型:物质、能量/场、可用空间、可用时间、物体结构、系统功能和系统参数。我们针对游梁式抽油机运行系统展开资源分析,寻找隐性资源,充分利用废弃的资源、能量或物质。其中,超系统中存在的重力场和技术系统中游梁的周期性运动功能是实现抽油机自服务润滑的关键资源。

在驴头上部安放一个润滑油容器,调节其位置和润滑油的油滴速度,游梁的一个运动周期内,当驴头处于最低点时,钢丝绳处于竖直位置,油滴在重力场的作用下,可顺着钢丝绳流至低端。而系统自身的周期性运动,可以实现润滑的节奏控制。如图 6-7 所示。在发明原理的基础上,实现了钢丝绳润滑装置概念设计中的功能原理创新。此功能原理方案在实践中显示其有效性。

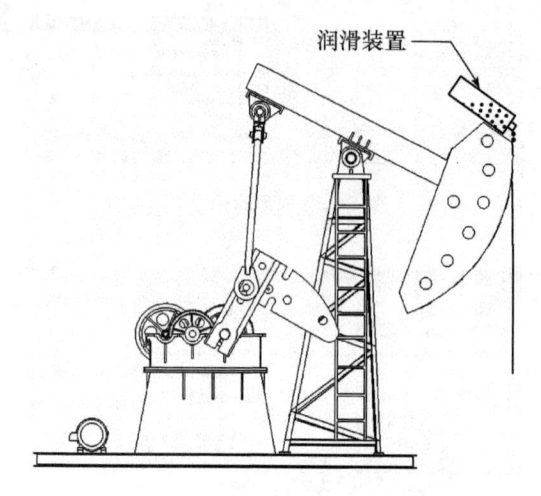

图 6-7　钢丝绳润滑装置原理示意图

发明原理是概念设计中实现功能原理创新的有效途径,通常需要冲突的标准化、基于冲突矩阵选择发明原理、类比设计等步骤。

思 考 题

6-1　冲突的含义是什么?TRIZ 解决冲突的策略有何特点?

6-2　技术冲突与物理冲突的含义是什么?

6-3　结合发明原理或分离原理尝试解决一些工程问题。

第七章　物质—场分析法与标准解

当技术系统问题的结构属性比较明显时，适合采用物质场分析法来分析问题并解决问题。其通过建立系统内部结构化模型来正确的描述问题，用符号化语言来清楚表达技术系统的功能，正确描述系统的结构要素及其之间的作用关系。

第一节　物质—场分析法

物质—场分析法（S—F分析法）是TRIZ理论的基础，其指出，一个存在的功能必定由三个基本元件（两种物质及一种场）组成。物质可以是任何形式的零件，场是一种能量形式，如图7-1所示。

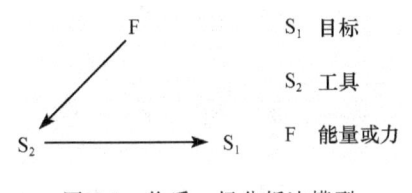

S_1　目标
S_2　工具
F　能量或力

图7-1　物质—场分析法模型

其中，"物质"指任何一种物质，不仅包括各种材料，还包括技术系统，外部环境甚至生物体。物质的代号是S，通常可以通过一个脚标来对不同的物质加以区分，如S_1、S_2、S_3等。"场"的含义除了包括通常的物理学中的粒子相互作用的物质形式外，还泛指物质与场的相互影响及其所引发的变化。场的代号是F，通常可以通过一个脚标来对不同的场加以区分，如F_1、F_2、F_3等。

手和笔是统一的技术系统中的两个物质。手对笔施加一个机械场，从而完成一定的功能，其物质—场模型，如7-2所示。

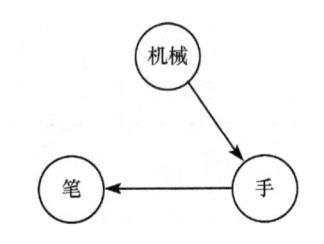

图7-2　手握笔的物质—场模型

根据物质—场模型的特征，物质间相互作用的类型有正常作用、不充分的作用、有害的作用和过度的作用，如图 7-3 所示。因此，物质—场模型可用来描述系统中出现的结构化问题，这些问题有以下四种：

(1) 有用并且充分的相互作用；
(2) 有用但不充分的相互作用；
(3) 有用但过度的相互作用；
(4) 有害的相互作用。

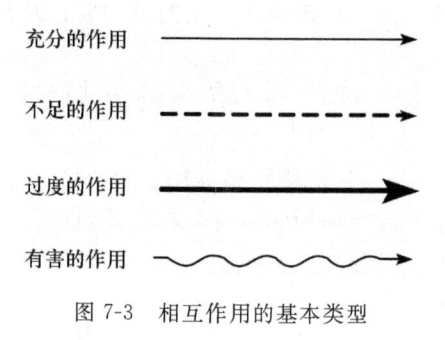

图 7-3 相互作用的基本类型

第二节 标 准 解

基于物质—场分析法在不同领域的分析与应用，Altshuller 总结了不同领域的问题解决的通用标准条件及标准解法，即 76 个标准解，如表 7-1 所示。具体标准解详解如表 7-2～表 7-6 所示。

表 7-1 76 个标准解

标准解的种类	解的数量
1. 物质—场建立与破坏	13
2. 增加柔性和移动性	23
3. 向超系统和微观级跃迁	6
4. 检测与测量	17
5. 引入物质或场的标准解法	17
总计	76

第七章 物质—场分析法与标准解

表 7-2 第一级——物质—场建立与破坏的 13 条标准解法

标准解编号	问题描述	问题模型	解决方案模型	案例
1.1	建立物质—场模型			
1.1.1 完善一个不完整的物质—场模型	标准解法 1，在建立物质—场模型时，如果发现仅有一种物质 S_1，那么就要增加第二种物质 S_2 和一个相互作用场 F，才可以使系统具备必要的功能	F、S_1、S_2（S_1 与 S_2 间无连接）	F 连接 S_1 和 S_2	用锤子（S_2）钉钉子（S_1）。作为一个完整的系统，必须有锤子（S_2）、钉子（S_1）和锤子作用于钉子上的机械场（F），才能实现钉子钉入的功能
1.1.2 向内部复杂物质—场跃迁	标准解法 2，如果按需改变、象无法实现时，可以在 S_1 或者 S_2 中引入一种永久的或者临时的内添加物 S_3，帮助实现功能	F，S_1 虚线到 S_2	F 到（S_2 含 S_3），S_1	喷漆时，在油漆（S_2）中添加稀料（S_3）
1.1.3 向外部复杂物质—场跃迁	标准解法 3，同 1.1.2 相同的情况下，也可以在 S_1 或者 S_2 的外部引入一种永久的或者临时的外添加物 S_3	F，S_1 虚线到 S_2	F 到 S_2，S_3，S_1	可以通过在滑雪橇（S_1）上涂上蜡（S_3），来改善滑雪橇和雪（S_1）所组成的技术系统的功能
1.1.4 向环境物质—场跃迁	标准解法 4，同 1.1.2 相同的情况下，如果不允许在物质的内部引入添加物，也不允许利用环境中的已有的（超系统）资源实现需要的变化	F，S_1 虚线到 S_2	F，S_1，S_2，超系统	航道中的航标（S_1）摇摆的太厉害，可以利用海水（S 超系统）作为配重物
1.1.5 通过改变环境向环境物质—场跃迁	标准解法 5，同 1.1.2 相同的情况下，如果引入在物质的内部或外部添加物，可以通过在环境中引入添加物来解决问题	F，S_1 虚线到 S_2	F，S_1，S，S_2 改进的超系统	办公室中的电脑设备（S_2）发热量较大，造成室温增加。可以在办公室（S_1）内加入空调（S 超系统），较好地调节室温

· 67 ·

续表

标准解编号	问题描述	问题模型	解决方案模型	案 例
1.1.6 向具有物质—场作用的物质—场跃迁	标准解法 6，有时候很难精确地达到需要的量，通过多施加需要的物质，然后再把多余的部分去掉			人们在一个方框中倒入混凝土（S_1），很难用抹子（S_2）直接做出一个很平的表面。如果加混凝土加满方框并超出一部分，那么在去掉多余部分的过程中，人们就不难抹出一个比较理想的平面来
1.1.7 向具有施加于物质—场最大化的物质—场跃迁	标准解法 7，如果由于各种因素不允许达到要求很大化的作用，那么让最大化的作用通过另一个物质 S_2 传递 S_1			蒸锅不能直接放到火焰上来蒸煮食物（S_1），但是可以在蒸锅里加水（S_2），利用火焰来加热水的方式，再通过水（S_2）把热量传递给食物（S_1），因为加热水的温度不可能超过水的沸点，所以不会烧焦食物
1.1.8 引入保护性物质	标准解法 8，系统中同时需要很强的场和弱的场，那么在需要较弱场作用的地方引入物质 S_3 来起到保护作用			用火焰给小玻璃药瓶（S_2）封口，因为火焰的热量很高，而面会使药瓶内的药物（S_1）分解，但是，如果将药瓶盛药物的部分放在安全（S_3）里，就可以使药保持在安全的温度之内，免受破坏
1.2 物质—场模型的破坏、消除或抵消系统内的有害作用				
1.2.1 通过引入外部物质消除有害关系	标准解法 9，当前系统中同时存在有害的、有害作用，此时如果无法限制 S_1 和 S_2 接触，可以在 S_1 和 S_2 之间引入 S_3，从而消除有害作用			医生需要用手（S_2）在病人身体（S_1）上做外科手术时，对病人的身体带来细菌感染，戴上一双无菌手套（S_3）就可以消除细菌带来的有害作用

第七章 物质—场分析法与标准解

续表

标准解编号	问题简述	问题模型	解决方案模型	案例
1.2.2 通过改变现有物质来消除有害关系	标准解法10，同1.2.1，但是不允许引入新的物质S_3，此时可以改变S_1或S_2来消除有害作用，如利用空穴、真空、空气、气泡和泡沫等，或者加入一种场，这个场可以实现所需添加物质的作用	F—S_2, S_1	F—S_2, S_1, S_2'	冰鞋（S_1）在冰面（S_2）上滑冰时，冰表面坚硬（F_1）有助于冰鞋的平滑运动，冰鞋与冰面之间的摩擦（F_2）妨碍了连续滑动，但摩擦使冰发热，产生水（S_2'），水大幅降低了摩擦非有利于滑动
1.2.3 通过消除场作用消除有害作用有害关系	标准解法11，如果某个场对物质S_1产生了有害作用，可以引入物质S_2来吸收有害作用	F—S_2, S_1	F—S_2, S_1	为了消除来自太阳电磁辐射（F）对人体（S_1）的有害作用，可以在皮肤的暴露部分涂上防晒霜（S_2）
1.2.4 采用场来抵消有害关系	标准解法12，如果有害作用和有用作用在有用作用中同时存在，而且S_1和S_2必须直接接触，这个时候，通过引入F_2来抵消F_1的有害作用，或将有害作用转换为有用作用	F—S_2, S_1	F_1—S_2, F_2, S_1	在脚腱拉伤后必须固定起来，绷带（S_2）作用于脚（S_1）起到固定的作用（机械场F_1），如果有害肌肉期不用将会萎缩，造成有害作用，为防止肌肉的萎缩，在物理治疗阶段向肌肉加入一个脉冲的电场F_2
1.2.5 采用场来"关闭"磁力键	标准解法13，系统内的某部分的磁性质可能导致加热，此时可以通过加热，使这一部分处于居里点以上，从而消除磁性，或者引入一种相反的磁场	F磁—S_2, S_1	F磁—S_2, F_1, S_1	让带铁磁介质的研磨颗粒，在旋转磁场的作用下打磨工作的内表面，如果是铁磁材料加工的，其本身对磁场响应会影响加工过程，解决方案是提前将工作加热到居里温度以上

表 7-3　第二级——增加柔性和移动性的 23 条标准解法

标准解编号	问题描述	问题模型	解决方案模型	案例
2.1 向链式物质—场跃迁的常规形式	转化成复杂的物质—场模型			
2.1.1 向链式物质—场跃迁的常规形式	标准解法 14，将单一的物质—场模型转化为链式物质—场模型的方法是引入一个 S_3，让 S_2 产生的场 F_2 作用于 S_3，同时，S_3 产生的场 F_1 作用于 S_1	$F_1 \rightarrow S_2$，$S_1 \dashrightarrow$	$F_1 \rightarrow S_3 \rightarrow S_2$，$S_3 \rightarrow S_1$，$F_2$	人们用锤子砸石头，完成分解巨石的功能，为了增强分解功能，可以通过在锤子（S_2）和石头（S_3）之间加入凿子（S_3）。锤子（S_2）加力的机械场（F_2）传递给凿子（S_3），然后凿子（S_3）的机械场（F_1）传递给石头（S_1）
2.1.2 向双物质—场跃迁	标准解法 15，双物质—场模型，现有系统进行改进，但是不足，又不允许引入新的元件或是物质，这时，可以加入第二个场 F_2，来增强 F_1 的作用	$F_1 \rightarrow S_2$，$S_1 \dashrightarrow$	$F_1 \rightarrow S_2$，$F_2 \rightarrow S_2$，S_1	用电镀法生产铜片，在铜片表面会残留少量的电解液（S_1），用水（S_2）清洗（F_1）的时候，不能有效的除掉这些电解液，解决的方案是增加第二个场，在清洗的时候，加入机械振动或者在超声波（F_2）清洗池中清洗铜片
2.2 增强物质—场模型				
2.2.1 向具有可控场的物质—场跃迁	标准解法 16，用更加容易控制的场，代替原来不容易控制的场，或者叠加到原来不容易控制的场上，可按以下路线取代一个场，重力场→机械场→电磁场→辐射场	$F_1 \rightarrow S_2$，$S_1 \dashrightarrow$	$F_2 \rightarrow S_2$，S_1	在一些外科手术中，最好采用对组织（S_1）的电热作用（F_2）的激光手术刀（$S_{2'}$）取代机械作用（F_1）的钢刀片式手术刀（S_2）

第七章 物质—场分析法与标准解

续表

标准解编号	问题描述	问题模型	解决方案模型	案例
2.2.2 向带有工具分散物质功能的物质—场跃迁	标准解17，提高完成工具功能的物质分散（分裂）度	F→S₂, S₁--F	F→S₂(micro), S₁←F	设计一个支撑系统将重力均匀地分布在不平面的平面上，而无液胶囊可以实现这个功能。工具功能提高物质分散度提高（Smicro）
2.2.3 向具有毛细管多孔物质的物质—场跃迁	标准解18，在物质（S₂）中增加空穴或结构，具体做法是：固体物质（多孔物质）→带一个孔的固体物质（多孔物质）→带毛细管多孔物质→带有限孔结构（和尺寸）的毛细管多孔物质	F→S₂, S₁--F	F→S₂(porous), S₁←F	建议采用基于多孔硅（Spor. silicon）的一组针状电极结构代替一毛细管（Sneedle），作为平面显示器的阴极。改变 S₂ 使其成为允许气体和液体通过的多孔或毛细孔物质
2.2.4 向动态物质—场化的物质—场跃迁	标准解19，如果物质—场系统中具有刚性、永久性元件，那么就尝试让系统具有更好的柔韧性，适应性、动态性来改善其效率	F→S₂, S₁--F	(F→S₂(variable), S₁←F)	给风力发电站的风轮机安装铰链结构，有助于风轮机（S₁）在风（S₂）的作用下随时保持顺风方向
2.2.5 采用结构化的场向物质—场跃迁	标准解20，用动态场替代静态场，以提高物质—场系统的效率	F→S₂, S₁--F	F#→S₂, S₁←F#	利用驻波（F#）来固定液体（S₂）中的颗粒（S₁）

续表

标准解编号	问题描述	问题模型	解决方案模型	案例
2.2.6 向结构不均匀物质的物场跃迁	标准解法21，将均匀的空间结构，变成不均匀的物质空间结构			从均质固体切削工具(S_2)向多层复合材料的切削工具($S_2^\#$)的自动化切削工具(S_1)的跃迁可增加成品的数量和质量
2.3	频率的协调			
2.3.1 向具有作用 $F_0^\#$ 匹配频率和产品固有频率($S_{10}^\#$)的物质—场跃迁	标准解法22，将场F的频率与物质S_1或者S_2的频率相协调			振动破碎机(S_2)的震动频率($F_{f0}^\#$)必须与被破碎材料(S_1)的固有频率一致
2.3.2 向有作用(F_2)匹配频率的物质—场跃迁	标准解法23，让场F_1与场F_2的频率相互协调			机械振动(F_1)以通过产生一个与其振幅相同但是方向相反的振动(F_2)来消除
2.3.3 向具有合并作用物质—场跃迁	标准解法24，两个独立的动作，可以让一个动作在另一个动作停止的间歇完成			当信息由两个频道(F_1)和(F_2)在同一频带内由发射器(S_2)向接收器(S_1)传输时，一个频道的传输发生在另一个频道的停顿期间

第七章 物质—场分析法与标准解

续表

标准解编号	问题描述	问题模型	解决方案模型	案 例
2.4	利用磁场和铁磁材料			
2.4.1 向原铁磁场跃迁	标准解法 25，在物质—场中加入铁磁物质和磁场	F—⌇→S₂, S₁	F→S₂ (magnet), S₁ (ferroamg) mag	为了将海报（S₁）贴在表面（S₂）上，采用铁磁表面（Sferroamag）和小磁铁（Smagnet）代替图钉或者透明胶带
2.4.2 向铁磁场跃迁	标准解法 26，将标准解（应用更可控的场）与 2.2.1（应用铁磁物质和 2.4.1（应用铁磁材料）结合在一起	F₁→S₂←F₂, S₁	F→S₂ (micro ferromag)←F mag, S₁	橡胶模具（S₂）的刚度，可以通过加入铁磁物质，通过磁场来进行控制
2.4.3 从低效铁磁场向基于铁磁流体铁磁场跃迁	标准解法 27，运用磁流体磁流体可以是：悬浮由磁性颗粒的煤油、硅树脂或者水的胶状液体	F mag→S₂←F, S₁	F→S₂ (ferrofluid)←F mag, S₁	计算机马达的多孔旋转轴承中，用铁磁流体（Sferrofluid）替代纯润滑剂（S₂），可使其保留在轴（S₁）和轴承支架之间的缝隙中，同时还可以提供毛细力（Fcap）
2.4.4 向基于磁性多孔结构的铁磁场跃迁	标准解法 28，应用包含铁磁材料或铁磁液体的毛细管结构	F→S₂←F, S₁	F→S₂ (micro ferromag)←F mag, S₁	过滤器的过滤管（S₂）中，填充铁磁颗粒（S₁），形成毛细多孔一体材料（Sferro porous），可以控制过滤器内部的结构

续表

标准解编号	问题描述	问题模型	解决方案模型	案例
2.4.5 向在 S_1 和/或 S_2 中引入添加物的外部复杂磁场铁磁场跃迁	标准解法 29，转变为复杂的铁磁场模型，如果原有的物质一场模型中，禁止用铁磁物质代替原有的某种物质，可以将铁磁物作为某种物质的内部添加物而引入系统	$F \dashrightarrow S_2$，S_1		为了让药物分子（S_2）到达身体需要的部位（S_1），在药物分子上附加铁磁微粒（$S_{micro\ ferro}$），并且，在外界磁场（F_{mag}）的作用下，引导药物分子转移到特定的位置
2.4.6 向环境中铁磁场跃迁	标准解法 30，在标准解法 2.4.5 的基础上，如果也不允许在铁磁物质内部添加物，可以在环境中引入铁磁添加物，用磁场（F_{mag}）改变环境（$S_{super-system}$）的参数	$S_1 \dashrightarrow S_2$		将一个内部有磁性颗粒物质的橡胶垫（S_3）摆放在汽车（S_1）的上方，这个垫子可以保证在修车时，工具（S_2）能被吸附柱而随手可得，这样就不用人们在汽车外壳内填入防止工具滑落的铁磁物质了

第七章 物质—场分析法与标准解

续表

标准解编号	问题描述	问题模型	解决方案模型	案例
2.4.7 向使用物理效应的铁磁场跃迁	标准解31，如果采用了铁磁场系统，应用物理效应以增加其可控性	F → S₂(micro ferro) ← S ； F mag	F → S₂(micro ferro) ← S (effect)； F mag	磁共振成像
2.4.8 动态化铁磁场跃迁	标准解32，应用动态的、可变的（或者自动调节的）磁场	F mag → S₂(micro ferro) → S	F mag variable → S₂(micro Ferro variable) → S	将表面有磁性颗粒的弹性球体放在不规则空心物体内部来测量器壁厚，放在外部的感应器来控制这个"磁性球"，使其与待测空心物体的内壁紧贴合在一起，从而实现精确测量的目的
2.4.9 向有结构化场的铁磁场跃迁	标准解33，利用结构化的磁场来更好的控制或移动铁磁物质颗粒	F mag → S₂(micro ferro) ； S₁	F#mag → S₂(micro ferro) → S₁	可以在聚合物（S₁）中掺杂传导率（Smiero ferro）来提高其传导率，如果材料是磁性的，就可以通过磁场来排列材料内部结构，这样使用材料很少，而传导率更高

续表

标准解编号	问题描述	问题模型	解决方案模型	案例
2.4.10 向节律匹配的铁磁场跃迁	标准解法34，铁磁场模型的频率协调，在宏观系统中，利用机械振动来加速铁磁颗粒的运动，在分子或者原子级别，利用测量对磁场发生响应的共振频率频谱来测定电子物质的组成	F_mag、S、S₂、ferro、F	F#mag1+1、f₀、S、S₂、ferro、F#f0 1+1	每个原子都有各自的共振频率。这种利用了元件节律匹配的测量技术，叫做电子自旋共振（ESR）
2.4.11 向电磁场跃迁	标准解法35，应用电流产生磁场，而不是应用磁性物质	F、S₁、S₂	F_EL、F_EL、F_mag、S₁、S₂	常规的电磁冲压中金属部件（S₁）采用了强大的电磁铁（S₂），该磁铁可产生脉冲磁场（Fmag）。脉冲磁场在胚板中产生涡电流，其感应的脉冲磁场、排斥力（FEL）足以将胚板（S₁）压入冲压模
2.4.12 向采用电流变液体的电磁场跃迁	标准解法36，通过电场，可以控制流变液体的黏度	F、S₁、S₂	F_electric、S₁、S₂、ERF	在车辆的减震器（Sshock absorber）中使用电流变液体（S₁ERF）取代标准油的原因是标准油的黏度随着温度的上升（Ftemp）而降低

表 7-4 第三级——向超系统和微观级跃迁的 6 条标准解法

标准解编号	问题描述	问题模型	解决方案模型	案 例
3.1	转换成双系统或者多系统			
3.1.1 将多个技术系统并入一个超系统	标准解法 37，系统进化方式—1a：创建双系统和多系统			在薄玻璃上打孔是很困难的事情，因为即使薄玻璃小心，也很容易使薄玻璃弄碎。我们可以用油做临时的黏贴物，将薄玻璃堆砌在一起，变成一块"厚玻璃"，就便于加工了
3.1.2 改变双系统或者多系统之间的连接	标准解法 38，改变双系统或者多系统之间的连接			面对复杂的交通状况，应在十字路口的交通指挥灯系统里，实时的输入一些当前交通的流量的信息，更好地控制各种复杂的交通变化
3.1.3 由相同元件向具有改变特征元件的跃迁	标准解法 39，系统进化方式—1b：增加系统之间的差异性			在多头订书机的各头内，人们装入不同种类的订书钉。如果在一个订书机上增加一个钉书钉器，订书机的作用就会更加丰富

续表

标准解编号	问题描述	问题模型	解决方案模型	案例
3.1.4 由多系统向单系统的螺旋进化	标准解解法 40，经过进化后的双系统和多系统再改简化成为单一系统			新型家用的立体声系统，是由多个音频设备组加入一个外壳体中组成
3.1.5 系统及其元件之间的不兼容特性分布	标准解解法 41，——1c: 部分或者整体表现相反特性或功能			自行车的链条总体上是柔性的，但是刚性的
3.2 向微观级进化				
3.2.1 引入"聪明"物质来实现向微观级别的跃迁	标准解解法 42，系统进化方式——1d: 转换到微观级别			计算机就是沿着这个方向发展的

第七章 物质—场分析法与标准解

表7-5 第四级——测量与检测的17条标准解解法

标准解编号	问题描述	问题模型	解决方案模型	案例
4.1	间接方法			
4.1.1 采用变化问题代化问题和测量问题	标准解法43，改变系统，从而原来需要测量现在不再需要测量	$F_0 \to S_1 \to F_1$	$F_n - S_1 - S_2$（三角结构）	加热系统温度自动调节装置，可以应用一个双金属片来制成
4.1.2 测量系统的复制品或者图像	标准解法44，用针对对象复制品、图像或图片的操作代替针对对象的直接操作	$S_1 \xrightarrow{?} F_1$	$F_0 \to S_1 \to F_1$（含copy S_1）	测量金字塔的高度，完全可以通过测量塔的阴影长度来计算
4.1.3 测量对象变化的连续检测	标准解法45，应用两次连续测量，代替连续测量	$F_0 \to S_1 \xrightarrow{?} F_1$	$F_0 \to S_1 \to F' \to F'' \cdots F_n$	柔韧物体的直径应该实时进行测量，从而看出它与相互作用对象之间匹配是否完好，但是实时测量不容易进行，可以通过测量它的直径和最小直径，确定其变化范围来进行判断

· 80 ·　TRIZ——发明问题解决理论

续表

标准解编号	问题描述	问题模型	解决方案模型	案 例
4.2 建立新的测量系统，将一些物质或者场，加入到已有的系统中				
4.2.1 测量物质的合成	标准解法 46，如果非物质—场系统（S_1）十分不便于检测和测量，就要通过完善基本物质—场或双物质—场结构来求解	$S_1 \xrightarrow{?} F_1$	$F_0 \rightarrow S_1 \rightarrow F_1$	如果塑料袋上有个很小的孔很难被发现，可以先给塑料袋内填充空气，然后再将塑料袋放在水中，稍微施加压力，水中就会有空气泡，从而指示出塑料袋泄露的位置
4.2.2 引入易检测向内部复杂的物质—场的跃迁	标准解法 47，测量引入的附加物。如果引入的附加物与原系统的相互作用产生变化，可以通过测量附加物的变化，在全进行转换	$F_0 \rightarrow S_1 \xrightarrow{?} F_1$	$F_0 \rightarrow S_1 \leftrightarrow S_2 \rightarrow F_1$	很难通过显微镜观察的生物样品，可以通过加入化学染色剂来进行观察，以了解其机构
4.2.3 引入到环境中的添加剂物中的添加物，可控制复杂测对象状态的变化	标准解法 48，如果不能在系统中添加任何东西，可以在外部环境中加入物质，并且测量或者检测这个物质的变化	$S_1 \xrightarrow{?} F_1$	$F_0 \rightarrow S_1 \rightarrow S, S_3, F_n$ (super system) F_s	GPS 的应用

第七章 物质—场分析法与标准解

续表

标准解编号	问题描述	问题模型	解决方案模型	案例
4.2.4 环境中产生的添加物可控制受控物体状态的变化	标准解法 49。如果系统或环境不能引入附加物，可以将环境中已有的东西进行降解或转换，变成其他的状态，然后测量或检测这种转换后的物质的变化			云室可以用来研究粒子的动态性能。在云室内，液氢保持在适当的压力和温度下，以便液氢正好处于沸点附近。当液氢穿过外界能量时，就会局部沸腾，液氢形成一个由气泡组成的高能量粒子路径轨迹。此路径轨迹可以被拍照
4.3 增强测量系统				
4.3.1 通过采用物理效应强制测量物质—场	标准解法 50。应用在系统中发生的已知的效应，并且检测因此效应而发生的状态的变化，从而知道系统的效率，提高检测和测量系统的效率			通过测量导电液体电导率的变化，来测量液体的温度

续表

标准解编号	问题描述	问题模型	解决方案模型	案 例
4.3.2 受控物体的共振应用	标准解法51。如果不能直接测量或者必须通过引入一种场来测量时,可以通过让系统整体或部分产生共振,通过测量共振频率来解决问题	$S_1 \text{ ? ? } F_1$	$F_0^\# \to S_1 \to F_{f_0}$	使用音叉来为钢琴调音。钢琴调律师需要通过音节零弦,通过音叉与琴弦的频率发生共振,来进行调谐
4.3.3 附带物体共振应用	标准解法52。若不允许系统共振,可以通过与系统相连的物体或环境的自由振动,获得系统变化的信息	$S_1 \text{ ? ? } F_1$	$F_0^\# \to F_n \to S_3^{f_0}$ $S_1 \to F_{f_0}$	非直接法测量物体的电容量。将未知电感系数的物体,插入到已知电感系数的电路中。然后改变电路中电压的频率,寻找产生谐振的共振频率。据此,可以计算出身物体的电容量
4.4 测量铁磁场				
4.4.1 向测量原铁磁场跃迁	标准解法53。增加或者利用铁磁物质或者利用系统中的磁场,从而方便测量	$F_0 \to S_1 \to F_1$	$F \xrightarrow{mag} S_1 \xrightarrow{mag} F_n$	交通管理系统中使用交通灯进行指挥。如果想知道车辆需要等候多久,或者想知道车辆已经排了多长,可以在路面下铺设一个环形感应线圈,从而轻易地检测出上面车辆的铁磁成分,经过转换后得出测量结果

第七章 物质—场分析法与标准解

续表

标准解编号	问题描述	问题模型	解决方案模型	案例
4.4.2 向测量铁磁场跃迁	标准解54，在系统中增加磁性颗粒，通过检测其磁场以实现测量			通过在流体中引入铁磁颗粒，以增加测量的准确度
4.4.3 如果标准解54不可能，建立一复合系统，添加铁磁粒子附加物到系统中去	标准解55，如果磁性颗粒不能直接加入到系统中，建立一个复杂的铁磁测量系统，将磁性物质添加到已有物质中			通过在非磁性物体表面涂敷含有磁性材料和表面活化剂细小颗粒的物体，以检测该物体的表面裂纹
4.4.4 通过在环境中引入铁粒子向测量铁磁场跃迁	标准解56，如果不能在系统中引入磁性物质，可以通过在环境中引入			船的模型在水上移动的时候，会出现波浪。为了研究波浪的形成原因，可以将铁磁微粒添加到水中，辅助测量

续表

标准解编号	问题描述	问题模型	解决方案模型	案例
4.4.5 物理科学原理的应用	标准解法 57，通过现象，比如说居里点、磁滞现象、超导消失、霍尔效应等	$F_0 \to S_1 \xrightarrow{\text{mag}} F_1$	$F_0 \to S \xrightarrow[\text{mag}]{\text{effect}} F_1$	磁共振成像
4.5	测量系统的进化趋势			
4.5.1 向双系统和多系统跃迁	标准解法 58，向双系统、多系统转化。如果一个测量系统不具有高的效率，应用两个或者更多的测量系统	$F_0 \to S_1 \to F_1$	$F_0 \to S_1' \; S_1'' \cdots S_1^N \to F_n$	为了测量视力，验光师使用一系列的设备，来测量人眼对某物体的聚焦能力
4.5.2 向测量派生物跃迁	标准解法 59，不直接测量，而是在时空间上，测量待测物体的第一级或者第二级的衍生物	$F_0 \to S_1 \to F_1$	$F_0 \to S_1 \to F_n \text{ devive}$	测量速度或加速度，而不是直接去测量距离

第七章 物质—场分析法与标准解

表 7-6 第五级——引入物质或场的 17 条标准解法

标准解编号	问题描述	问题模型	解决方案模型	案例
5.1	引入物质			
5.1.1 将空腔或物质 S_2 引入改进物质 S_1，以替代场元素间的相互作用	标准解法 60，应用"不存在的物体"引入新的物质，比如空气、真空、泡沫、水泡、空穴、毛细管等；用外部添加物代替内部添加物；用少量高活性的添加剂，临时引入添加剂等	$F_0 \to S_1 \leftarrow F_1 - S_2$	$F_0 \to S_1 \leftarrow F_n - S_3$ 空隙 $F_1 - S_2$	对于水下保暖衣来说，如果仅通过增加整个衣服厚度的方法来改善保暖性，鉴于衣服绒会变得很厚很重。我们可以在其中加入气泡结构，既不增加衣服厚度，还可以使衣服变得轻薄
5.1.2 将产品 (S_0) 分成相互作用的若干部分	标准解法 61，将物质分割为更小的组成部分	$F_0 \to S_1 \leftarrow F_1 - S_2$	$(S_{01}) \to S_1 \leftarrow F_1 - S_{02} \cdots S_{0N}$ $F_0 \to S_1 \leftarrow F_n - S_3$	降低气流产生噪音 (S_1) 问题的标准解决方案是将基本气流 (S_0) 分成两股气流 (S_{01} 和 S_{02})，从不同的方向形成涡流，并相互抵消
5.1.3 引入的物质使物质间的相互作用正常并自行消除	标准解法 62，在使用完毕之后自动消失	$F_0 \to S_1 \leftarrow F_1 - S_2$	$F_0 \to S_1 \leftarrow F_2 - S_3$ 自消失 $F_1 - S_2$	用冰把粗糙物体表面打磨光滑
5.1.4 用膨胀结构和泡沫使物质—场作用正常化	标准解法 63，如果条件不允许加入大量的物质，则加入虚空的物质	$F_0 \to S_1 \leftarrow F_1 - S_2$	$F_0 \to S_1 \leftarrow F_2 - S_3$ 虚空 $F_1 - S_2$	在物体内部增加空洞，以减轻物体的重量

续表

标准解编号	问题描述	问题模型	解决方案模型	案例
5.2				引入场
5.2.1 使用技术系统中现有的场不会使系统变得复杂化	标准解法64,应用一种场,产生另一种场	$F_0 \to S_1 - F_1 - S_2$, F_2	$F_0 \to S_1 - F_2 - S_1'$, F_1, F_2	电场产生磁场
5.2.2 使用环境中的场	标准解法65,应用环境中存在的场	$F_0 \to S_1 - F_1 - S_2$	$F_0 \to S_1 - F_2 - S_1'$, F_1, S_2 fsupersystem	电子设备在使用时产生大量的热。这些热可以使周围空气流动,从而冷却电子设备自身
5.2.3 使用技术系统中现有物质的备用性能作为场资源	标准解法66,应用能产生场的物质	$F_0 \to S_1 - F_1 - S_2$	$F_0 \to S_1 - F_1 - S_2$, F_m	医生将放射性物质植入到病人的肿瘤位置,杀死癌细胞,以后再进行清除
5.3	相变			
5.3.1 改变物质的相态	标准解法67,相变1:改变物质相态	$F_0 \to S_1 - F_1 - S_2$	$F_0 \to S_1 - F_1 - S_2$ Var.phase	用α-黄铜取代β-黄铜。通过晶体结构的改变,导致黄铜在特定温度下,黄铜机械性质的改变
5.3.2 两种相态相互转换	标准解法68,相态2:双相互转换	$F_0 \to S_1 - F_1 - S_2$	$F_0 \to S_1 - F_1 - S_2$ Var.phase#	在滑冰过程中,通过将冰刀片下的冰转化成水,来减小摩擦力,然后水又结成冰

第七章 物质—场分析法与标准解

续表

标准解编号	问题描述	问题模型	解决方案模型	案例
5.3.3 将一种相态转换成另一种相态,并利用相变过程中伴随相转移的现象	标准解法69, 相态3: 应用相变过程中伴随出现的现象	$F_0 \to S_1 \to F_1 \cdots S_2$	$F_0 \to S_1 \to F_1{}^{variable} \cdots S_2$	暖手器里面, 有一个盛有液体的塑料袋, 袋内有一个薄过程中薄金属片。在释放热量过程中薄金属片中弯曲,一定程度中产生一定的声信号,触发液体转变为固体。当全部液体转变为固体后,人们将暖手器放回热源中加热, 固体即可还原为液体
5.3.4 转换到物质的双向相态	标准解法70, 相态4: 转化为双向状态	$F_0 \to S_1 \to F_1 \cdots S_2$	$F_0 \to S_1 \to F_1{}^{variable} \cdots S_2$	在切削区域敷一层泡沫, 刀具持续切削, 而泡沫持续穿透过蒸气等泡沫, 这可用于消除噪声
5.3.5 利用系统部件(相位)之间的交互作用	标准解法71, 利用系统的相态交互, 增强系统的效率	$F_0 \to S_1 \to F_1 \cdots S_2$	$F_0 \to S_1(\overset{\text{Dual phase}}{F}) \to S_3{}^{\text{Dual phase}} \cdots S_2$ $S_2\text{—}F$	白兰地经过两次蒸馏后, 放在木桶中进行保存。这时, 木材和液体之间相互作用
5.4	运用自然现象			
5.4.1 利用可逆性物理转换	标准解法72, 状态的自动调节和转换。如果一个物体必须处于不同的状态, 那么它应该能够自动从一种状态转化为另外一种状态	$F_0 \to S_1 \to F_1 \cdots S_2$	$F_0 \to S_1 \to F_1{}^{variable} \cdots S_2$	变色太阳镜在阳光下颜色变深; 在阴暗处又恢复透明

续表

标准解编号	问题描述	问题模型	解决方案模型	案例
5.4.2 出口处场放大	标准解法73，将输出场放大	$F_0 \to S_1 - F_1 - S_2$	$F_0 \to S_1 \xrightarrow{crit} F_1^\# \to S_2$; $F_2 \uparrow$	真空管、继电器和晶体管，都可以利用很小的电流来控制很大的电流
5.5	产生物质的高级和低级方法			
5.5.1 通过降解高一级结构的物质来获取所需的物质	标准解法74，通过降解来获得物质颗粒（离子、原子、分子等）	$F_0 \to S_1 - F_1 - S_3$	$F_0 \to S_1 \xrightarrow{decomposition} F_1 \to S_2$	如果系统本身又不允许引入氢的时候，可以向系统引入水，再将水电解成氢和氧
5.5.2 通过合并较低等级结构的物质来获得所需物质的粒子	标准解法75，通过组合，获得所需要的物质粒子	$S_1 - F_1$; $S_2 - F_2$; S_3	$F \to S_1 - F_1$; $S_2 - F_1$; $\}$synthesis $\to S_2$	树木吸收水分、二氧化碳，并且运用太阳光进行光合作用，得以生长壮大
5.5.3 介于前两个解法之间	标准解法5.5.1和5.5.2。如果一个高级结构，但是又不能降解，就应用水平的物质。另外，如果结构的物质组合起来，就可以直接应用较高级结构的物质	F_1 ; $S_2 - F_2$; S_3	$F_0 \to S_1 - F_1$; $S_2 - F_1$; $\}$synthesis $\to S_2$; $F_0 \to S_1 \xrightarrow{decomposition} F_1$	如需要传导电流，可先将物质变成导电的离子和电子，脱离电场之后，离子和电子还可以重新结合在一起

第三节 标准解法应用步骤

76个标准解最有代表性的应用是在建立了物质—场模型，并确定了所有约束条件后，作为TRIZ中ARIZ算法的一个步骤。特别是当技术系统的冲突处于非显性状态时，建立物质—场模型是很好的问题分析方法。

第1类到第4类标准解常常使得系统更加复杂，这是由于这些解都需要引入新的物质或场。第5类标准解是简化系统的方法，使系统更理想化。当从解决性能问题的第1类到第3类标准解或解决测量与检测问题的第4类标准解决定了一个解之后，第5类标准解可用来简化这个解。图7-4详细表达了76个标准解的应用流程。

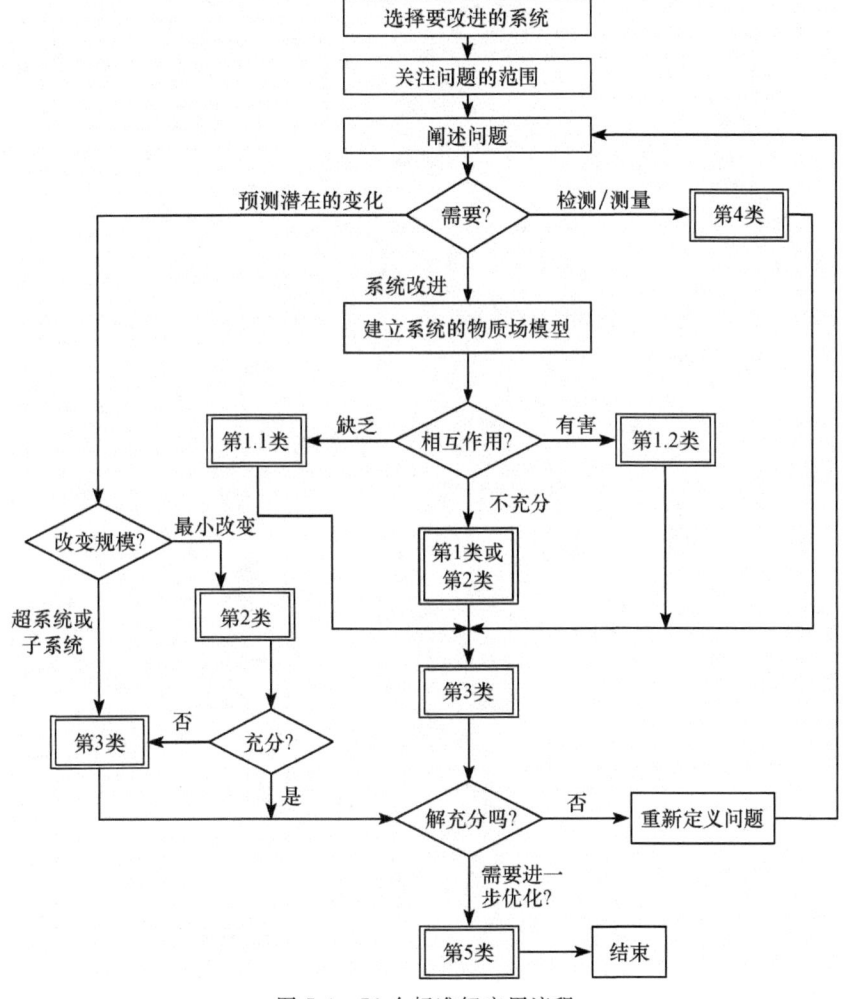

图7-4 76个标准解应用流程

思 考 题

7-1 什么是物质—场分析法？
7-2 物质—场分析法中的物质和场的含义是什么？
7-3 并尝试用物质—场模型描述一功能模式。
7-4 标准解法系统是怎样建立起来的？
7-5 标准解的种类有哪些？
7-6 简述标准解法的应用步骤。

第八章 效 应

工程人员在创新的过程中，常常需要各个领域的知识来确定创新方案。科学效应的有效利用，提高创新设计的效率。但是，对于普通的技术人员而言，由于自身的精力与知识面有限，认识并掌握各个工程领域的效应是相当困难的。因此，很有必要将效应合适地组织起来，指导设计者进行创新。

第一节 科学效应

人们在获取知识的过程中，多数是抱着"中性"的态度去对待这一过程，注重知识的学习，却很少从知识应用的角度去思考问题。学生在求学的过程中学习过大量的物理、化学、数学等方面的科学效应知识。但是离开学校后，在工作环境中，工程人员很少从发明创造的角度出发去思考已掌握知识的应用，在很多情况下，科学效应知识就被工程人员逐渐遗忘。

实际上，科学原理对于发明问题的解决有着强大的帮助。迄今为止，研究人员已经总结了大概 10000 个效应，但常用的只有 1400 多个。研究表明，工程人员掌握并应用的效应是相当有限的。例如，爱迪生在他的 1023 项专利里只用了 23 个效应，Topolev 的 1001 项专利里只用了 35 个效应。深入研究效应在发明创造中的应用，有助于提高工程人员的创造能力。TRIZ 理论将效应作为专门的问题解决工具加以研究。

传统的科学效应多为按照其所属领域进行组织和划分，侧重于效应的内容、推导和属性的说明。由于发明者对自身领域之外的其他领域知识通常具有相当的局限性，造成了效应搜索的困难。TRIZ 理论中，按照"从技术目标到实现方法"的方式组织效果库，发明者可根据 TRIZ 的分析工具决定需要实现的"技术目标"，然后选择需要的"实现方法"，即相应的科学效应。

第二节 科学效应与功能实现

TRIZ 效应库的组织结构，便于发明者对效应的应用。TRIZ 理论基于对世界专利库的大量专利的分析，总结了大量的物理、化学和几何效应，每一个效应都可能用来解决某一类问题。通过对 250 万件世界范围内专利的分析，TRIZ 理论总结出了高难度的问题解决所需要的常见的 30 种功能，如表 8-1 所示。表 8-2

为实现相应功能的常用科学效应。

表 8-1 功能代码表

序 号	实现的功能	功能的代码
1	测量温度	F1
2	降低温度	F2
3	提高温度	F3
4	稳定温度	F4
5	探测物体的位移和运动	F5
6	控制物体的位移	F6
7	控制液体及气体的运动	F7
8	控制浮质（气体中的悬浮微粒，如烟、雾等）的流动	F8
9	搅拌混合物，形成溶液	F9
10	分解混合物	F10
11	稳定物体位置	F11
12	产生/控制力，形成高的压力	F12
13	控制摩擦力	F13
14	解体物体	F14
15	积蓄机械能与热能	F15
16	传递能量	F16
17	建立移动的物体和固定的物体之间的交互作用	F17
18	测量物体的尺寸	F18
19	改变物体的尺寸	F19
20	检查表面状态和性质	F20
21	改变表面性质	F21
22	检查物体容量的状态和特征	F22
23	改变物体空间性质	F23
24	形成要求的结构，稳定物体结构	F24
25	探测电场和磁场	F25
26	探测辐射	F26
27	产生辐射	F27
28	控制电磁场	F28
29	控制光	F29
30	产生及加强化学变化	F30

表 8-2 科学效应和现象清单

功能代码	实现的功能	TRIZ 推荐的科学效应和现象	科学效应和现象序号
F1	测量温度	热膨胀	E75
		热双金属片	E76
		珀耳帖效应	E67
		汤姆逊效应	E80
		热电现象	E71
		热电子发射	E72
		热辐射	E73
		电阻	E33
		热敏性物质	E74
		居里效应（居里点）	E60
		巴克豪森效应	E3
		霍普金森效应	E55
F2	降低温度	一级相变	E94
		二级相变	E36
		焦耳—汤姆逊效应	E58
		珀耳帖效应	E67
		汤姆逊效应	E80
		热电现象	E71
		热电子发射	E72
F3	提高温度	电磁感应	E24
		电介质	E26
		焦耳——楞次定律	E57
		放电	E42
		电弧	E25
		吸收	E84
		发射聚焦	E39
		热辐射	E73
		珀耳帖效应	E67
		热电子发射	E72
		汤姆逊效应	E80
		热电现象	E71
F4	稳定温度	一级相变	E94
		二级相变	E36
		居里效应	E60

续表

功能代码	实现的功能	TRIZ 推荐的科学效应和现象		科学效应和现象序号
F5	探测物体的位移和运动	引入易探测的标识	标记物	E6
			发光	E37
			发光体	E38
			磁性材料	E16
			永久磁铁	E95
		反射和发射线	反射	E41
			发光体	E38
			感光材料	E45
			光谱	E50
			放射现象	E43
		形变	弹性变形	E85
			塑性变形	E78
		改变电场和磁场	电场	E22
			磁场	E13
		放电	电晕放电	E31
			电弧	E25
			火花放电	E53
F6	控制物体的位移	磁力		E15
		电子力	安培力	E2
			洛伦兹力	E64
		压强	液体/气体的压力	E91
			液体/气体的压强	E93
		浮力		E44
		流体动力		E92
		振动		E98
		惯性力		E49
		热膨胀		E75
		热双金属片		E76
F7	控制液体及气体的运动	毛细现象		E65
		渗透		E77
		电泳现象		E30
		Thoms 效应		E79
		伯努利定律		E10
		惯性力		E49
		韦森堡效应		E81
F8	控制浮质（气体中的悬浮微粒，如烟、雾等）的流动	起电		E68
		电场		E22
		磁场		E13
F9	搅拌混合物，形成溶液	弹性波		E19
		共振		E47
		驻波		E99
		振动		E98
		气穴现象		E69
		扩散		E62

续表

功能代码	实现的功能	TRIZ推荐的科学效应和现象		科学效应和现象序号
F9	搅拌混合物，形成溶液	电场		E22
		磁场		E13
		电泳现象		E30
F10	分解混合物	在电的或磁场中分离	电场	E22
			磁场	E13
			磁性液体	E17
			惯性力	E49
			吸附作用	E83
			扩散	E62
			渗透	E77
			电泳现象	E30
		形体特征		E52
F11	稳定物体位置	电场		E22
		磁场		E13
		磁性液体		E17
F12	产生/控制力，形成高的压力	磁力		E15
		一级相变		E94
		二级相变		E36
		热膨胀		E75
		惯性力		E49
		磁性液体		E17
		爆炸		E5
		电液压冲压，电水压震扰		E29
		渗透		E77
F13	控制摩擦力	约翰逊—拉别克效应		E96
		振动		E98
		低摩阻		E21
		金属覆层滑润剂		E59
F14	解体物体	放电	火花放电	E53
			电晕放电	E31
			电弧	E25
		电液压冲压，电水压震扰		E29
		弹性波		E19
		共振		E47
		驻波		E99
		振动		E98
		气穴现象		E69
F15	积蓄机械能与热能	弹性变形		E85
		惯性力		E49
		一级相变		E94
		二级相变		E36

续表

功能代码	实现的功能	TRIZ推荐的科学效应和现象		科学效应和现象序号
F16	传递能量	对于机械能	形变	E85
			弹性波	E19
			共振	E47
			驻波	E99
			振动	E98
			爆炸	E5
			电液压冲压，电水压	E29
			震扰	
		对于热能	热电子发射	E72
			对流	E34
			热传导	E70
		对于辐射	反射	E41
		对于电能	电磁感应	E24
			超导性	E12
F17	建立移动的物体和固定的物体之间的交互作用	电磁场		E23
		电磁感应		E24
F18	测量物体的尺寸	标记	起电	E68
			发光	E37
			发光体	E38
		磁性材料		E16
		永久磁铁		E95
		共振		E47
F19	改变物体的尺寸	热膨胀		E75
		形状记忆合金		E87
		形变		E85
		压电效应		E89
		磁弹性		E14
		压磁效应		E88
F20	检查表面状态和性质	放电	电晕放电	E31
			电弧	E25
			火花放电	E53
		反射		E41
		发光体		E38
		感光材料		E45
		光谱		E50
		放射现象		E43

续表

功能代码	实现的功能	TRIZ推荐的科学效应和现象		科学效应和现象序号
F21	改变表面性质	摩擦力		E66
		吸附作用		E83
		扩散		E62
		包辛格效应		E4
		放电	电晕放电	E31
			电弧	E25
			火花放电	E53
		弹性波		E19
		共振		E47
		驻波		E99
		振动		E98
		光谱		E50
F22	检查物体容量的状态和特征	引入容易探测的标志	标记物	E6
			发光	E37
			发光体	E38
			磁性材料	E16
			永久磁铁	E95
		测量电阻值	电阻	E33
		反射和放射线	反射	E41
			折射	E97
			发光体	E38
			感光材料	E45
			光谱	E50
			放射现象	E43
		电—光和磁—光现象	X射线	E1
			电—磁和磁—光现象	E27
			固体发光	E48
			热磁效应（居里点）	E60
			巴克豪森效应	E3
			霍普金森效应	E55
			共振	E47
			霍尔效应	E54

续表

功能代码	实现的功能	TRIZ 推荐的科学效应和现象	科学效应和现象序号
F23	改变物体空间性质	磁性液体	E17
		磁性材料	E16
		永久磁铁	E95
		冷却	E63
		加热	E56
		一级相变	E94
		二级相变	E36
		电离	E28
		光谱	E50
		放射现象	E43
		X 射线	E1
		形变	E85
		扩散	E62
		电场	E22
		磁场	E13
		珀耳帖效应	E67
		热电现象	E71
		包辛格效应	E4
		汤姆逊效应	E80
		热电子发射	E72
		热磁效应（居里点）	E60
		固体发光	E48
		电—光和磁—光现象	E27
		气穴现象	E69
		光生伏打效应	E51
F24	形成要求的结构，稳定物体结构	弹性波	E19
		共振	E47
		驻波	E99
		振动	E98
		磁场	E13
		一级相变	E94
		二级相变	E36
		气穴现象	E69

续表

功能代码	实现的功能	TRIZ推荐的科学效应和现象		科学效应和现象序号
F25	探测电场和磁场	渗透		E77
		带电放电	电晕放电	E31
			电弧	E25
			火花放电	E53
		压电效应		E89
		磁弹性		E14
		压磁效应		E88
		驻极体，电介体		E100
		固体发光		E48
		电—光和磁—光现象		E27
		巴克豪森效应		E3
		霍普金森效应		E55
		霍尔效应		E54
F26	探测辐射	热膨胀		E75
		热双金属片		E76
		发光体		E38
		感光材料		E45
		光谱		E50
		放射现象		E43
		反射		E41
		光生伏打效应		E51
F27	产生辐射	放电	电晕放电	E31
			电弧	E25
			火花放电	E53
		发光		E37
		发光体		E38
		固体发光		E48
		电—光和磁—光现象		E27
		耿氏效应		E46
F28	控制电磁场	电阻		E33
		磁性材料		E16
		反射		E41
		形状		E86
		表面		E7
		表面粗糙度		E8

续表

功能代码	实现的功能	TRIZ推荐的科学效应和现象	科学效应和现象序号
F29	控制光	反射	E41
		折射	E97
		吸收	E84
		发射聚焦	E39
		固体发光	E48
		电—光和磁—光现象	E27
		法拉第效应	E40
		克尔现象	E61
		耿氏效应	E46
F30	产生及加强化学变化	弹性波	E19
		共振	E47
		驻波	E99
		振动	E98
		气穴现象	E69
		光谱	E50
		放射现象	E43
		X射线	E1
		放电	E42
		电晕放电	E31
		电弧	E25
		火花放电	E53
		爆炸	E5
		电液压冲压，电水压震扰	E29

第三节 科学效应及其应用

人类在科学研究与工程应用过程中积累了大量的效应知识，每一条效应的应用都可能是某类问题的原理解。有许多例子可以说明效应的应用。将跨学科的多领域（包括物理、化学、几何等）创新案例有效进行组织与管理，大大提高了知识获取的效率。

以下案例均来源于计算机辅助创新设计平台——Pro/Innovator 2005。

【例8-1】弹性形变

固体受外力作用而使各点间相对位置发生改变，当外力撤销后，固体又恢复原状，称为"弹性形变"。若撤去外力后，不能恢复原状，则称为"塑性形变"。因物体受力情况不同，在弹性限度内，弹性形变有4种基本类型：拉伸和压缩形变、切变、弯曲形变和扭转形变。

弹性形变是指外力去除后能够完全恢复的那部分变形，可从原子间结合力的角度来了解它的物理本质。

应用案例：传统的利用同轴指针测量螺栓传递的轴向负荷的技术费用比较高，通过光弹性条测量螺栓传递轴向负荷的技术在紧固螺栓时无法测量轴向负荷。光弹性条对机械损伤极其敏感，会影响测量的精度。只有当轴向负荷达到待定的量时才有可能利用脆性材料进行测定，因而该方法也不能螺栓传递的轴向负荷。需要一个不断测量螺栓传递的轴向负荷（既简单又经济）的技术。

如图 8-1 所示，为了测量螺栓传递的实际轴向负荷，建议测量螺帽上横槽的弹性形变，螺帽上有横槽，紧固螺栓时产生轴向力把螺帽压向紧固面。把螺帽压向紧固面促进了螺帽内的弹性形变，尤其是横槽的弹性形变，槽壁之间的距离更近了。因此，测量横槽的弹性形变就可以测量螺栓传递的实际轴向负荷。

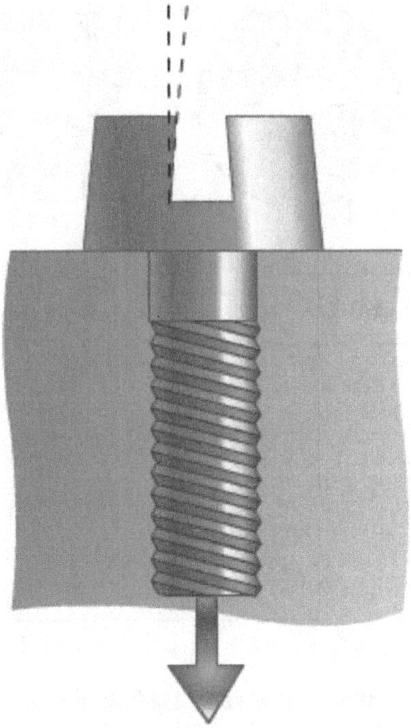

图 8-1 横槽的弹性形变测量螺栓的实际轴向负载荷量（版权归 IWINT 公司所有）

【例 8-2】霍尔效应

当电流的金属或半导体放置在与电流方向垂直的磁场中时，在垂直于电流和磁场方向上的两个侧面间产生电势差的现象，1879 年由 E. H. 霍尔首次发现。

霍尔效应可用于载流子受洛伦兹力作用来解释。当载流子带正电时，所受洛伦兹力（f）使正电荷向 A 面偏转，造成 A、A' 两面上的电荷积累，从而形成电势差，在体内产生一个横向电场（E），称为霍尔电场。若载流子带负电，则霍尔电场反向。当载流子所受的霍尔电场力与洛伦兹力达到平衡时，载流子不再偏转，霍尔电场具有恒定的值。霍尔电场（E）与电流密度（J）和磁感应强度（B）的乘积成正比，即 $E=RJB$，比例系数 R 为霍尔系数。当只有一种载流子时，霍尔系数的大小与载流子的浓度成反比，其正负决定于载流子是带正电还是带负电。金属中的载流子是带负电的电子，霍尔系数一般为负值（也有例外，需用能带理论解释），N 型半导体和 P 型半导体的载流子分别是电子和带正电的空穴，所以霍尔系数分别为负值和正值。半导体中载流子的浓度与温度有明显的依赖关系，故其霍尔系数与温度有关。因半导体中的载流子浓度比金属中自由电子的浓度低，故半导体的霍尔系数比金属的要大，霍尔效应也比金属要明显得多。电子（或空穴）的实际速度有一定分布，速度较小的电子所受洛伦兹力小于横向电场力，速度较大的电子则相反，它们都要产生偏转，这等效于电阻增大，这种由于存在磁场而使电阻增加的现象称为磁阻效应。

20世纪80年代发现，在强磁场作用下，随着磁场的变化，半导体结的霍尔系数作阶梯式变化，即 $R_H = \frac{1}{n}\frac{h}{e^2}$，式中，$n$ 为整数或有理分数，h 为普朗克常数，e 为电子电量，此现象称为量子霍尔效应。

应用案例：直流电动机可以为机动车的电机座椅提供动力，为记住机动车座椅的位置，就要知道电动机中轴的转动次数。

如图 8-2 所示，将一个交互极性的盘性磁铁套在电动机中轴上。再将一个霍尔效应设备安装在盘性磁铁旁，中轴转动引起盘性磁铁相对于霍尔效应设备发生转动，当霍尔效应设备感应到磁铁北极时其输出增加，感应到磁铁南极时其输出下降，电动机中轴旋转时盘性磁铁的两级被感应到的次数就是脉冲的次数。霍尔效应设备输出的脉冲数目表示电动机中轴的旋转次数。

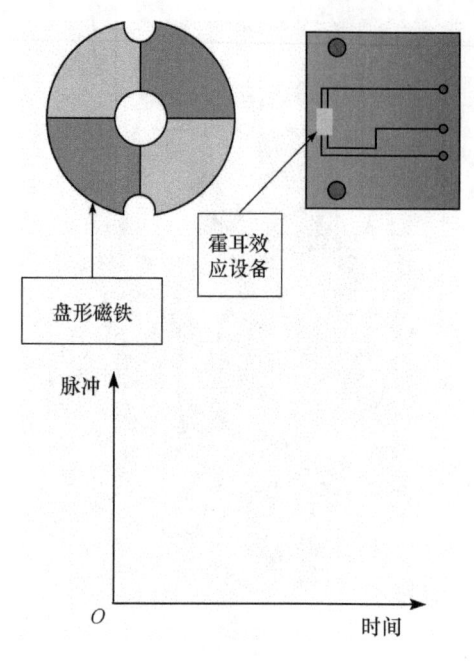

图 8-2 霍尔效应设备检测电动机中轴的转速（版权归 IWINT 公司所有）

【例 8-3】居里效应

法国物理学家比埃尔·居里（1859～1906 年）早期的主要贡献为确定磁性物质的转变温度（居里点）。对于铁磁物质来说，由于有磁畴的存在，因此在外加的交变磁场的作用下将产生磁滞现象。磁滞回线就是磁滞现象的主要表现。如果将铁磁物质加热到一定的温度，当金属点阵中的热运动加剧磁畴遭到破坏时，铁磁物质将转变为顺磁物质，磁滞现象消失，铁磁物质这一转变温度称为居里点温度。

不同的铁磁质，居里点不同。铁的居里点为 769℃，钴的居里点为 1131℃，镍的居里点为 358℃，锰锌铁氧体的居里点比较低，只有 215℃，磁通密度、磁导率和损耗都随温度发生变化，除正常温度 25℃ 而外，还要给出 60℃、80℃、100℃ 各种参数数据。因此，锰锌铁氧体磁心的工作温度一般限制在 100℃ 以下，也就是环境温度为 40℃ 时，温升必须低于 60℃。钴基非晶合金的居里点为 205℃，使用温度也限制在 100℃ 以下。铁基非晶合金的居里点为 370℃，可以在 150～180℃ 之间使用。高磁导坡莫合金的居里点为 460～480℃，可以在 200～

250℃之间使用。微晶纳米晶合金的居里点为600℃，取向硅钢居里点为730℃，可以在300~400℃之间使用。

应用案例：目前，用户线与交换线的连接由人工采用跳线完成，连接点需要很大才能进行连接操作，此系统的主要缺点是，技师必须在接线盒处完成这一操作。

如图8-3所示，提议采用接线阵列，该阵列的元件由热控双隐态开关组成，这样的开关采用了一个铁磁衔铁，两个固定的触点，永久磁铁和加热元件，根据开关要求的位置，加热元件将其中触点加热到居里温度，这样就大大降低了触点材料的磁化率，降低磁化率可以降低固定触点与衔铁之间的磁场强度，使之低于衔铁与另一触点之间的场强，利用强度较高的磁场的作用，可以将衔铁移向未加热触点，因此构成电气连接。

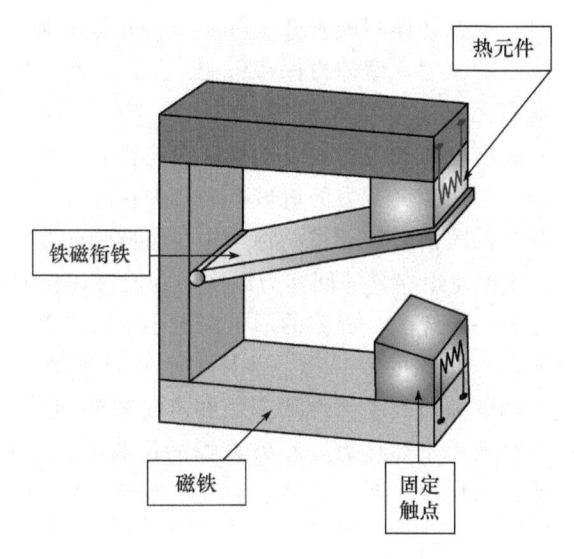

图8-3 将材料加热到居里点对触点进行开关操作（版权归IWINT公司所有）

【例8-4】摩擦力

相互接触的两个物体在接触面上发生的阻碍该两个物体相对运动的力，称为"摩擦力"。另有两种说法是：一个物体沿着另一个物体表面有运动趋势时，或一个物体在另一个物体表面滑动时，都会在两物体的接触面上产生一种力，这种力叫做摩擦力；相互接触的两个物体，如果有相对运动或相对运动的趋势，则两个物体的接触表面上就会产生阻碍相对运动趋势的力，这种力叫做摩擦力。

按上述定义，摩擦力可分为静摩擦力和滑动摩擦力。两个接触的物体，有相对滑动的趋势时，物体之间就会出现一种阻碍启动的力，这种力叫静摩擦力。两个接触的物体，有了沿接触面的相对滑动，在接触面上就会产生阻碍相对滑动的力,这种力叫做滑动摩擦力。因此,不能把摩擦力只看做是一种阻力,有时可以是动力。

滑动摩擦力总是与物体滑动的方向相反。但是,静摩擦力是阻碍两个物体发生相对滑动的力,到底与物体相对运动的方向(以地球作参照物)是相同还是相反,应由问题的性质来定。

摩擦力的大小跟相互接触物体的性质及其表面的光滑程度和物体间的正压力有关,一般地说,和接触面积无关。一般情况下,当两个物体相接触挤压时,两者实际接触部分,远小于两者的表面接触面积。经研究表明:两者实际接触部分的面积越大,其摩擦力也越大。而两者的实际接触面积只跟正压力的大小、物体表面的粗糙程度和材料的性质有关,跟它们的表面接触面积无关。在物体表面粗糙程度和材料性质不变的情况下,正压力越大,实际接触面积也越大,摩擦力也越大;正压力相同时,改变物体间的表面接触面积,如将平面上的砖从竖放改变为平放,并不改变实际的压力,摩擦力保持不变。因此,在一般情况下,摩擦力跟物体的表面接触面积无关。

应用案例:在制造压气机和飞行器发动机的涡轮机时,要用到摩擦焊,叶片经摩擦焊焊接到圆盘上,产生夹持力的机械类夹具夹住叶片,夹具在设计上很复杂而且可能会损伤叶片的翼面,需要另一种方法在摩擦焊作业中夹持工件。

如图 8-4 所示,建议使用夹具的回弹力以实现在摩擦焊作业中夹住工件的目的。为此,在夹具上有一条缝隙,缝隙的形状和大小都对应着要被焊到圆盘上的叶片柄,夹具的材料具有足够的回弹力,叶片的柄被足够的力压在夹具的缝隙中。在压住时,夹具的缝隙产生了弹性形变,夹具材料的回弹力产生出夹持力,夹持力产生的摩擦力数值大于焊接力,在摩擦焊的作业中,该夹持力夹住工件。这样,夹具的回弹力在摩擦焊作业中夹住了工件。在焊接时,叶片的翼面部分在

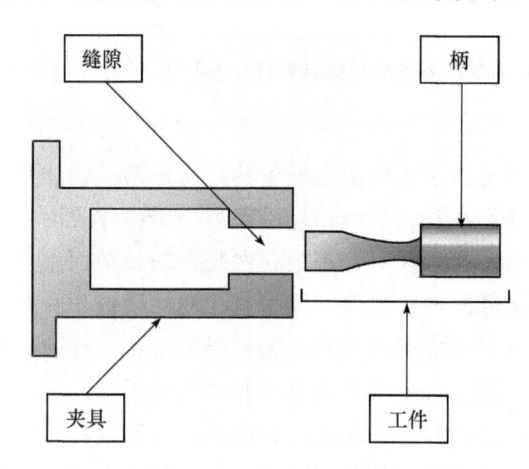

图 8-4 夹具的回弹力在摩擦焊作业中夹住金属工件(版权归 IWINT 公司所有)

夹具空腔内部，不受外力作用，夹持力只作用在叶片柄上。在焊接后，以超出夹持力的作用力把夹具从被焊接的柄上取下来。

【例 8-5】珀耳帖效应

1834 年，法国科学家珀耳帖发现：当两种不同属性的金属材料或半导体材料互相紧密连接在一起的时候，在它们的两端通进直流电后，只要变换直流电的方向，在它们的接头处，就会相应出现吸收或者放出热量的物理现象，于是起到制冷或制热的效果，这就叫做"珀耳帖效应"。

珀耳帖冷却，是运用"珀耳帖效应"，即组合不同种类的两种金属，通电时一方发热而另一方吸收热量的方式。因此，应用玻耳帖效应制成的半导体制冷器，就能制造出不需制冷剂、制冷速度快、无噪声、体积小、可靠性高的绿色电冰箱了。

应用案例：使用了溶解液的减湿器需要使用机械泵来保证溶剂或冷却剂的循环。机械组件体积大，不耐磨损。需要一种方法来保证溶剂的循环。

如图 8-5 所示，为了保证溶剂的循环，建议使用珀耳帖效应固态热泵。提供循环的该系统由两个腔室和一个珀耳帖效应固态热泵构成，两个腔室利用通路实现流体的连通。热泵是两种不同导体的交叉点。如果液流穿过交叉点，就会出现热释放或热吸收。腔室内充装了溶解液。在珀耳帖效应固态热泵工作过程中，热从一个腔室传递到另一个腔室。这样，在一个腔室内，溶剂冷却，而在另一个腔

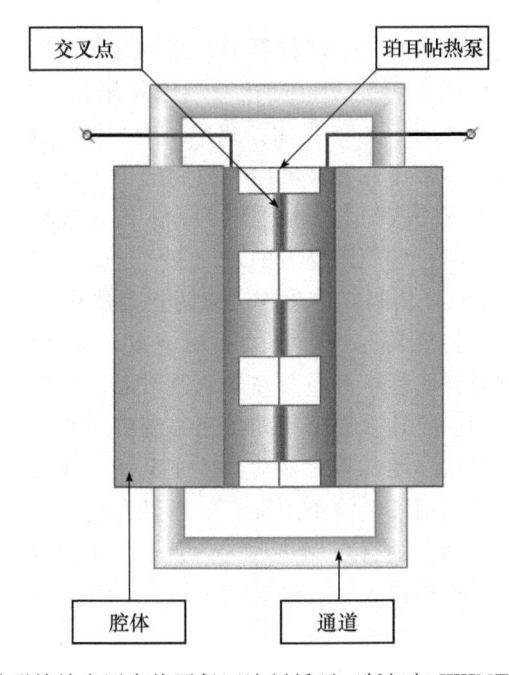

图 8-5　珀耳帖效应固态热泵保证溶剂循环（版权归 IWINT 公司所有）

室内，溶剂变热。因此，腔室内溶液密度改变，这就导致了腔室之间的压差。这样就提高了对流，并相应提高了溶剂的循环。因此，珀耳帖效应固态热泵保证了溶剂循环。使用了珀耳帖效应固态热泵的系统没有噪音。

【例 8-6】热膨胀

物体因温度改变而发生的膨胀现象叫"热膨胀"。通常是指外压强不变的情况下，大多数物质在温度升高时体积增大，温度降低时体积缩小。在相同条件下，气体膨胀最大，液体膨胀次之，固体膨胀最小。也有少数物质在一定的温度范围内，温度升高时其体积反而减小。因为物体温度升高时，分子运动的平均动能增大，分子间的距离也增大，物体的体积随之而扩大；温度降低，物体冷却时分子的平均动能变小，使分子间距离缩短，于是物体的体积就要缩小。又由于固体、液体和气体分子运动的平均动能大小不同，因此从热膨胀的宏观现象来看也有显著的区别。

膨胀系数：为表征物体受热时，其长度、面积、体积变化的程度，而引入的物理量。它是线膨胀系数、面膨胀系数和体膨胀系数的总称。

固体热膨胀：固体热膨胀现象，从微观的观点来分析，它是由于固体中相邻粒子间的平均距离随温度的升高而增大引起的。

液体热膨胀：液体是流体，因而只有一定的体积，而没有一定的形状。它的体膨胀遵循 $V_t = V_0(1 + \beta_t)$ 的规律，β 为液体的体膨胀系数。其膨胀系数，一般情况是比固体大得多。

气体热膨胀：气体热膨胀的规律较复杂，当一定质量气体的体积，受温度影响上升变化时，它的压强也可能发生变化。若保持压强不变，则一定质量的气体，必然遵循着 $V_t = V_0(1 + \gamma_t)$ 的规律，式中 γ 为气体的体膨胀系数。

应用案例：烹调区通常用一种玻璃陶瓷板制成。不管采用何种加热方式，陶瓷板都会因过热而发生损伤或损坏。按照惯例，人们在玻璃陶瓷顶部炊具内，设置一种热切断装置，以防止玻璃陶瓷板的表面发生过热。

如图 8-6 所示，建议使用材料的热膨胀来防止过热损伤。一个温度限制器中包含一个温度传感器，传感器与一个开关头相连接。温度传感器是一根细长的杆，用一种热膨胀材料制成。将其布置在烹调区下面的加热空间中，因为其所在处的温度与烹调区处的温度几乎完全相同。当温度传感器受热时，传感器元件膨胀，并相对于开关头发生移动。相对移动被传递至一个开关，传递的实现，可借助于一种机械连接，如利用一个简单的推杆。当温度过高时，热膨胀程度也相当大，以至于可将开关启动。供给至加热体的燃烧热，被开关减少或断开。这样，材料的热膨胀防止了过热损伤。

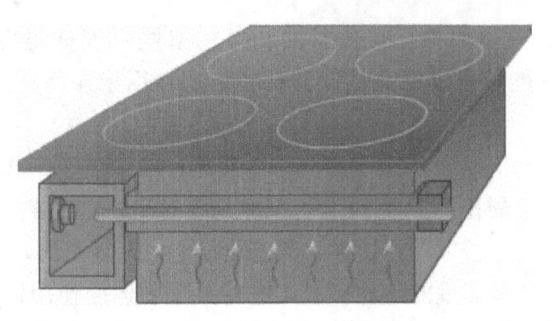

图 8-6　材料的热膨胀防止过热损伤（版权归 IWINT 公司所有）

【例 8-7】 X 射线

波长介于紫外线和 γ 射线间的电磁辐射。由德国物理学家 W.K. 伦琴于 1895 年发现，故又称伦琴射线。波长小于 0.1Å 的称超硬 X 射线，在 0.1～1Å 范围内的称硬 X 射线，1～10Å 范围内的称软 X 射线。

射线具有很强的穿透力，医学上常用做透视检查，工业中用来探伤。长期受 X 射线辐射对人体有伤害。X 射线可激发荧光，使气体电离，使感光乳胶感光，故 X 射线可用电离计、闪烁计数器和感光乳胶片等检测。晶体的点阵结构对 X 射线可产生显著的衍射作用，X 射线衍射法已成为研究晶体结构、形貌和各种缺陷的重要手段。

应用案例：目前，对核武器材料扩散的担心日益增加，因为恐怖分子能够得到他们。因此，对装有这些材料的容器进行检查就显得十分重要。γ 射线探测器和盖格设计计数器常用于探测核武器材料。但是，由于这些探测器的 γ 射线强度不够，所以无法探测出铀。

如图 8-7 所示，可以使用 X 射线探测核武器材料。X 射线源产生一个圆锥形 X 射线，准直仪使圆锥形 X 射线变成 X 射线扇形束。将待检查物体放在 X 射线扇形束中，扇形束穿过待检查物体。几个探测器排成一排组成转播探测器，探测穿过待检查物体的 X 射线。这些探测器发出的电信号进入传播列由一个处理器处理。像铀和钚等核武器材料原子数很多，密度很高，这些材料比一般材料更能

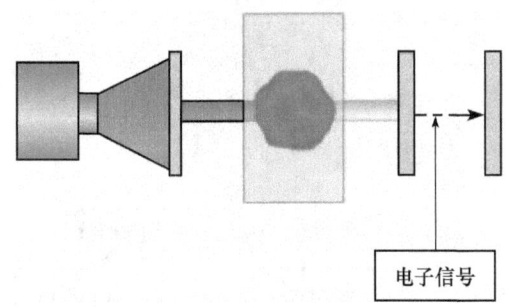

图 8-7　X 射线探测核武器材料（版权归 IWINT 公司所有）

削弱 X 射线。所以，可以根据穿过待测物体的射线强度推测物体内是否有核武器材料。这个系统能够自动探测核武器材料，还能用于探测其他走私物品，如毒品和爆炸物。

【例 8-8】磁场

在永磁体或电流周围所发生的力场，即凡是磁力所能达到的空间，或磁力作用的范围，叫做磁场。所以严格说来，磁场是没有一定界限的，只有强弱之分。与任何力场一样，磁场是能量的一种形式，它将一个物体的作用传递给另一个物体。磁场的存在表现在它的各个不同的作用中，最容易观察的是对场内所放置磁针的作用，力作用于磁针，使该针向一定方向旋转。自由旋转磁针在某一地方所处的方位表示磁场在该处的方向，即每一点的磁场方向都是朝着磁针的北极端所指的方向。如果我们想象有许许多多的小磁针，则这些小磁针将沿磁力线而排列，所谓的磁力线是在每一点上的方向都与此点的磁场方向相同。磁力线始于北极而终于南极，磁力线在磁极附近较密，故磁极附近的磁场最强。磁场的第二个作用是对运动中的电荷所产生的力，此力恒与电荷的运动方向相垂直，与电荷的电量成正比。

磁场强度：表示磁场强弱和方向的矢量。由于磁场是电流或运动电荷引起的，而磁介质在磁场中发生的磁化对磁场也有影响。

应用案例：金工车间的和金属加工车间，以及其他设施中都会产生大量的废金属。这些废金属作为废铁，以片段、条棒和碎片的形式扔到地板上。必须从地板上将其清除。因此收集含铁废物是生产设施内非常紧急的问题，这些设备的生产量非常大，基于这些原因，开发一种机械化收集废物的方法是非常重要的。

如图 8-8 所示，建议使用磁铁收集废铁。在一辆车上安装一个收集器。在生

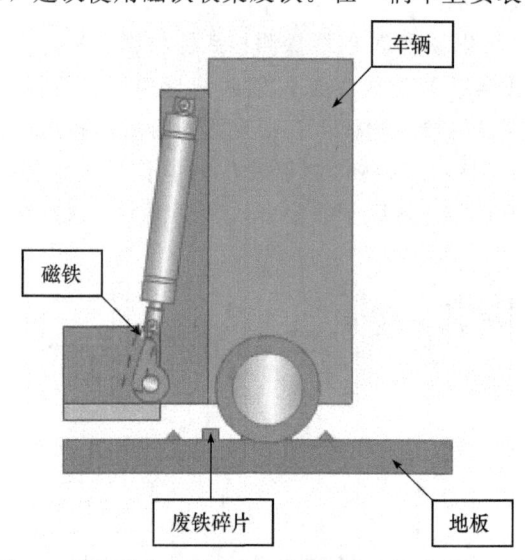

图 8-8　磁场收集含铁废物（版权归 IWINT 公司所有）

产设施内的地板上通过切入凹槽,安装有生产专用轨,车辆在专用轨上移动。收集器包含一个操纵机构、一个永磁铁和遮板。开始收集废铁时,操纵机构将磁铁降低,使其固定于收集表面的上方。磁铁形成高强度的磁场。废铁发生磁化,通过克服重力的作用将其吸引到磁铁上,然后停留在遮板的表面。通过这种方法即可将废铁回收。

【例 8-9】波的折射

波在传播过程中,由一种媒质进入另一种媒质时,传播方向发生偏折的现象,称波的折射。在同类媒质中,由于媒质本身不均匀,也会使波的传播方向改变。此种现象叫做波的折射。

绝对折射率:任何介质相对于真空的折射率,称为该介质的绝对折射率,简称折射率(index of refraction)。对于一般光学玻璃,可以近似地认为以空气的折射率来代替绝对折射率。

应用案例:目前采用一种非扩散负荷传感技术对可压缩流体的光学压强进行测量。测量可压缩流体的压强是基于可压缩流体压强与光束的光程长度间的比例关系。此项技术需要非常复杂的装置,需要一种对可压缩流体的压强进行测量的技术。

如图 8-9 所示,建议采用可压缩流体中的光束折射测量作用于可压缩流体上的压强。为此,用一束连续单色光照射到流体透明容器表面的一个特定点上,光束以一个预定入射角入射到透明容器表面,光束在透明容器和可压缩流体间折射后离开透明容器,检测折射光束的离开点。用折

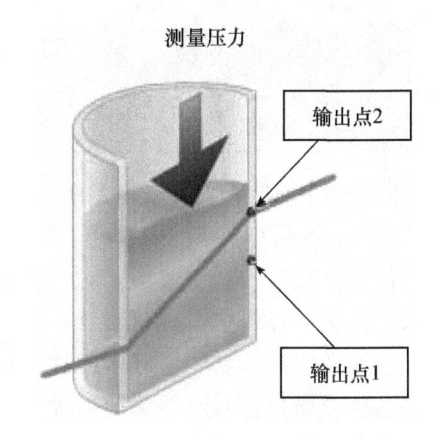

图 8-9 光束折射测量作用于可压缩流体上的压强(版权归 IWINT 公司所有)

射光束的离开点的位置测定可压缩流体的折射率。通过折射率的大小,便可以确定透明容器内的压强。

【例 8-10】形状记忆合金

一般金属材料受到外力作用后,首先发生弹性变形,达到屈服点,就产生塑性变形,应力消除后留下永久变形。但有些材料,在发生了塑性变形后,经过合适的热过程,能够回复到变形前的形状,这种现象叫做形状记忆效应(SME)。具有形状记忆效应的金属一般是两种以上金属元素组成的合金,称为形状记忆合金(SMA)。

形状记忆合金可以分为 3 种:

(1) 单程记忆效应。形状记忆合金在较低的温度下变形,加热后可恢复变形

前的形状，这种只在加热过程中存在的形状记忆现象称为单程记忆效应。

（2）双程记忆效应。某些合金加热时恢复高温相形状，冷却时又能恢复低温相形状，称为双程记忆效应。

（3）全程记忆效应。加热时恢复高温相形状，冷却时变为形状相同而取向相反的低温相形状，称为全程记忆效应。

应用案例：在对人体的血管进行检查之前，经常需要先对血管进行扩张。为此，需要把由形状记忆合金制成的扩张器插入到血管中。在把这种形状记忆合金扩张器插入到血管中之后，扩张器会在人体自身热量的诱导下温度升高。当扩张器的温度超过了它的转变温度时，它就会开始扩张，并恢复到以前的状态。但是，只有通过利用外力才能够把这种扩张器取出来。所以，非常需要一种能够易于使扩张器变形的新型方法。

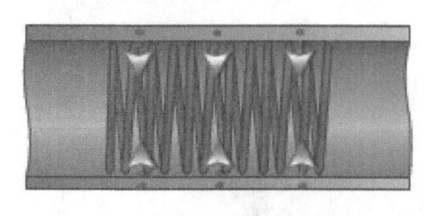

图 8-10 双向形状记忆合金使扩张器变形（版权归 IWINT 公司所有）

如图 8-10 所示，建议通过插入一种双向形状记忆合金的扩张器来使扩张器变形，这种扩张器具有螺旋弹簧的形状。通过一个导管把扩张器插入到血管中，人体自身的热量会对扩张器进行加热。同时，当扩张器的温度超过了它的转变温度时，它就会开始扩张，并恢复到以前的形状。把一个低温导管插入到血管中，对扩张器进行冷却，一般随后能够把这种扩张器取出来。在这一过程中，扩张器会收缩，恢复到它的第二个记忆形状，并附着在导管上。这样，就可以利用双向形状记忆合金来使扩张器变形。扩张器可以是管状或者网状的形状。双向形状记忆合金能够记忆两个不同的形状，这两个形状可以通过转变温度相互转化。

第四节 基于效应的功能原理设计

从狭义上讲，机械产品是指在一定的负荷下做功、克服物质的阻力、完成人力难以完成的机械运动，从而消耗较大的能量并具有一定功率的装置，如动力机械、加工机械、运输机械等。功率具有力和速度两种属性。狭义上的机械产品一般都要求输出机械力或机械运动，完成需要的工作要求。随着热、电、磁、光等新技术及信息技术的不断涌现，其与机械产品的结合日益广泛，机械产品的形式与内涵也在不断丰富。甚至出现了"广义机械"的提法，将处理物质、能量和信息的技术系统统称为机械系统。

机械产品内涵的广泛性必然导致其概念设计过程复杂性的提高。创新设计的完成主要集中在产品的概念设计阶段，体现为有竞争力的功能原理方案。

从市场需求到确定需求功能是一个系统化分析的过程,是完成方案创新的重要前期准备工作。由功能定义到方案确定的过程中,科学效应可以辅助设计人员产生创新概念设想,并逐步确定创新方案。在该过程中涉及功能的定义与分解以及效应的相关组合等过程,如图 8-11 所示。由于科学效应的数量极其庞大,通常该过程需要 CAI 软件知识库的支持,以便于提高创新设计效率。

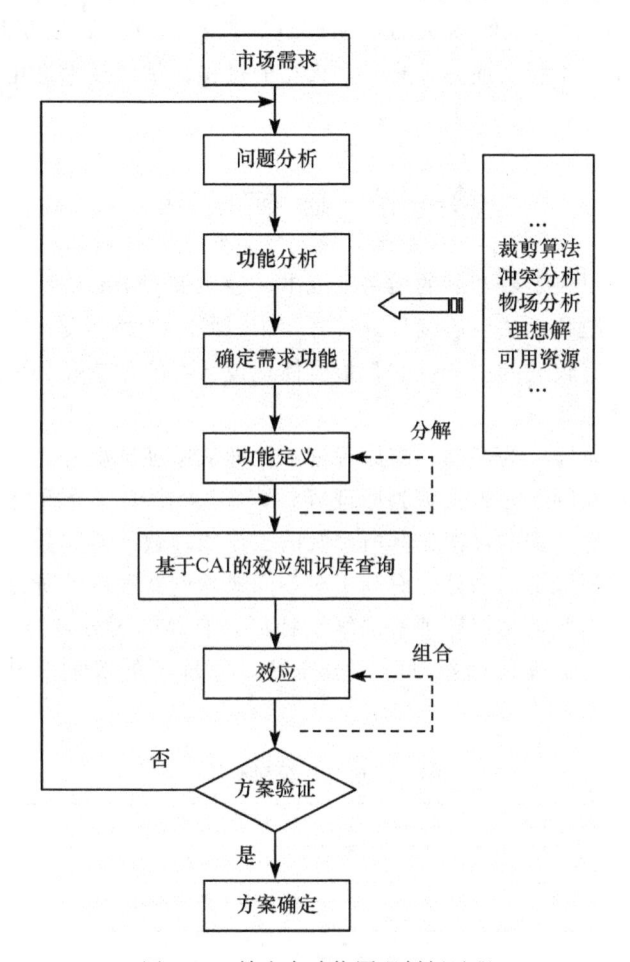

图 8-11 效应在功能原理创新过程

思 考 题

8-1 尝试举出几个自己熟悉的科学效应,并结合工程实例说明其应用。

8-2 请思考不同效应之间可能存在的关联关系。

第九章 技术系统进化理论

TRIZ理论认为，任何领域的产品改进、技术的变革、创新和生物系统一样，都存在产生、生长、成熟、衰老、灭亡的过程。掌握技术进化理论对新产品开发有重要意义。

第一节 基本概念

概念设计不仅决定着产品的质量、成本、性能等若干品质，而且在概念设计阶段产生的设计缺陷无法由后续设计过程纠正。同时，概念设计阶段对设计人员的约束最少，具有较大的创新空间，最能体现设计者的创造性。因此，概念设计称为创新设计的重要阶段。

在概念设计阶段，为产品寻求原理创新，即从原理层次上，为产品寻求新的工作方式，这种新的工作方式称为原理解。TRIZ理论中一个重要的概念就是不同产品原理解是有区别的，根据其所涉及的工作原理数的不同分为不同的级别。

这种对原理解级别的划分，有利于对不同概念创新程度的研究，也有助于技术预测的工作。因此，掌握原理解的级别特征，有效的区分各个级别的原理解，对于运用TRIZ理论进行创新设计十分重要。原理解的级别及其特征如表9-1所示。

表9-1 原理解的级别及其特征

级 别	创新的程度	百分比	知识来源	参考解的数目
1	显然的解	32%	个人的知识	10
2	少量的改进	45%	公司内部的知识	100
3	根本性的改进	19%	行业内的知识	1000
4	全新的概念	4.0%以下	行业以外的知识	100000
5	发现	0.3%以下	所有已知的知识	1000000

在TRIZ理论中原理解（发明的级别）共分5个级别：级别1，对已有系统的简单改进；级别2，通过解决技术冲突对已有产品进行改进；级别3，对已用产品的根本性改进；级别4，采用全新的原理完成产品系统功能的新解；级别5，罕见的科学原理导致一种新系统的产生。原理解实例如下。

1级原理解——[前苏联专利号157,356]：存储高压气体的安全帽，其由塑料制成，内部有筋肋结构，可以起到增加强度的作用，同时降低了成本，节约了金属材料。节约金属材料是常见的工程问题，用其他材料替换金属材料也是常见的解决方法，利用筋肋结构提高塑料强度也是现有的技术方案，这个专利的方案不涉及未知的技术步骤，属于1级原理解。

2级原理解——[前苏联专利号119，3478]：检测产品（仪表、容器）的气密性，常将产品放置盛有液体的桶底，如果出现气泡，则证明产品气密性有问题。当检验员同时检查多个桶时，可能在巡视的过程中来不及观察每个桶是否出现气泡。如果能挽留住气泡，就可以根据气泡的多少来评估产品的密闭性。如果将一个玻璃放置在桶上，但是玻璃很难停留在液位不断变化的液面上，而且玻璃的平面度也不是绝对理想的，气泡常贴住玻璃表面移动到桶的边沿，然后破裂。怎么办呢？最终用简单的物理效应解决这个问题，用一个带网的桶检测物体的气密性，网孔的大小要保证使气泡的表面张力大于气泡的浮力。

3级原理解——剧院里使用带有滤光片的聚光灯在舞台上移动时会有很大的噪声。用涂有十层光电膜的透明玻璃作聚光灯的固定滤片就可以避免这种现象。这是因为电流通过光电膜时会产生特定颜色。

4级原理解——[前苏联专利号163，559]：在深孔钻井的过程中，必须及时了解钻头的工作状态，但是采用什么样简单易行的方法来监控钻头状况呢？可以利用微型密闭容器，将其嵌入到钻齿里面，并在容器里掺入具有强烈刺激性气味的化学物质，通过特殊的气味，反映钻头的磨损状况。这个专利是4级原理解，因为其提出了一个新的技术路线，而不是对现有的技术方案进行修改。

5级原理解——重大的发明。这一级原理解原则上都是创造性的技术系统，技术解决方案不在现代科学技术体系之中，属于全新的问题，没有先前的成功实例可以参考。例如计算机的出现。表9-2整理了5级原理解（5级发明）的属性差异，可以用来帮助我们对原理解进行级别的划分。

表9-2 原理解级别的差异性比较

原理解级别	设计任务的选择	搜寻概念的选择	数据搜集	解决方法的搜索	方案产生	实际应用
	属性A	属性B	属性C	属性D	属性E	属性F
1	设计任务是解决现有的问题	欲搜寻的概念已存在	现有的数据	利用现有的问题解决方法	运用已经成型的设计方案	生产制造现有的产品
2	在设计任务中选择其中一个	在几个概念中选择其中一个	从多个源头搜集数据	从部分解决方法中选择其一	从一组设计方案中选择其一	生产对现有设计略加改进的产品

续表

原理解级别	设计任务的选择 属性 A	搜寻概念的选择 属性 B	数据搜集 属性 C	解决方法的搜索 属性 D	方案产生 属性 E	实际应用 属性 F
3	改变初始化的设计任务	调整搜寻的概念以适应新的设计任务	调整已搜集的数据以适应新的设计任务	通过修改现有解决方案获得	修改现有的设计方案	生产全新设计方案的产品
4	发现新的设计任务	发现新的搜寻概念	搜集与新任务相关的新数据	发现新的解决方法	可发现新的设计方案	以新的方式实现产品的创新设计
5	发现新的问题	发现新的方法	搜集与新问题相关的新数据	发现新的概念（工作原理）	完善有建设性的设计方案	应用新的工作原理改造现有的系统

第二节 技术成熟度预测

Altshuller 发现技术的成长过程一般用 S 形曲线表示，Altshuller 用分段线性 S 形曲线表示技术的成长过程，以及专利等级随时间的变化关系、专利数量随时间的变化关系、获利能力随时间的变化关系，如图 9-1 所示。

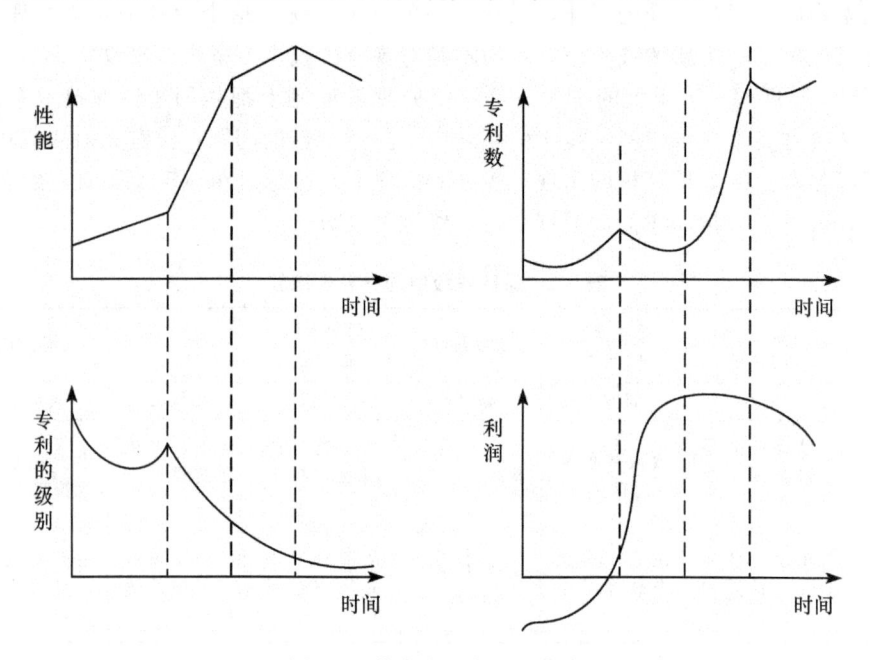

图 9-1 技术成熟度预测曲线

对于某项产品技术,通过检索、分析及汇总与之有关的专利数据,可以获得不同时间段内的产品专利等级和专利数量,在坐标系中按时间顺序表示出来,横坐标为时间,纵坐标为专利等级或专利数量,然后用平滑的曲线连接各点就得到了专利等级和专利数量随时间变化的曲线。同理,通过调研可以获得技术所支持的产品的各种性能和经济指标,可以获得性能曲线和获利能力曲线。把得到的四条曲线与四条标准曲线相比较,就可以判断所研究的技术在S曲线的位置,即技术的成熟度,这就是Altshuller的产品技术成熟度预测方法。

第三节 技术系统进化模式

TRIZ中的技术系统进化理论是由Altshuller等在前苏联通过多年的研究提出的,该理论有几种表现形式:技术进化理论、技术进化引导理论、直接进化理论等,各种理论均有应用。为了让企业的研发人员比较方便掌握具体的技术系统进化模式,本节重点介绍Kalevi Rantanen和Ellen Domb在Simplified TRIZ体系中应用的几种具体的技术系统进化模式,其对于新产品的开发往往具有很好的指导作用。

在解决问题的过程中,如果知道一些具体的技术系统进化模式,对于我们通过理想解的特征找到具体解决方案会很有帮助。在某些特定情况下,技术系统中的冲突不容易发现,对于进化模式的深刻理解会帮助我们觉察技术系统目前的进化形式。如果知道系统将怎样进化,就可以找到问题的解决方法,通过这种方式,也可以不用冲突分析而得到一个解决方案。

以下是Simplified TRIZ体系中的5种最有效的进化模式。

模式1:系统特征及其零部件的不均衡进化。

模式2:向宏观层次进化。

模式3:向微观层次进化。

模式4:增强相互作用。

模式5:技术系统的扩充与简化。

首先分别介绍各个进化模式,然后再说明怎样综合应用这些模式。

第四节 系统特征及其零部件的不均衡进化

系统的不均衡发展总是会导致一些问题、瓶颈和冲突的出现。不均衡现象涉及所有的系统和技术:机器、工艺、组织等。特别是技术系统,它并不像我们通常想象的那样,它的进化是非线性的。通常,目前的趋势可以直接推断未来的趋势。在现实中，技术系统进化的过程中存在不连续性，也就是说，某些量变的增长会因为向新技术的性质的跃迁而中断。

自行车的发展史是一个很好的例子。1791年，法国的Comte de Sivrac开发了一个产品"celerifere"，它有两个轮子，轮子之间有梁连接。使用者可以通过自己的脚推地面而驾驶这辆自行车。这种木马式的技术在后来的几十年里不断被改进，但是技术系统本身存在一个瓶颈问题。通过用脚蹬地的方式，很难获得更快的速度。Michaux兄弟通过增添了一个曲柄和脚蹬的方法解决了这个冲突，而这种脚蹬两轮车促进了自行车的广泛使用。

很快，一个新的问题又出现了。为了将自行车骑得更快，骑车人的腿蹬车动作必须越来越快。在当时，增加前轮的直径是获得更高速度的唯一办法。

1885年，采用链传动的方式，解决了这个问题，通过比较小的轮子获得比较快的速度。这个时候，又出现了新的问题，速度越快，振动越剧烈。于1845年发明出来的充气轮胎解决了这个问题。于是，自行车具备了今天人们所熟知的形态。

做一个小练习：考虑一下现代的自行车，你能发现哪些冲突？怎样解决这些问题？

注意到，一些零部件或一些特征发展得非常迅速，但是同时，其他的零部件或特征在很长时间里却未发生改变。不均衡现象一次又一次地出现，促使系统不断进化。汽车的发展促进了公路的建设。好的交通道路又使得发展更好的汽车成为必然。与此类似，计算机硬件帮助软件发挥效用，好的软件系统又促使着硬件升级。

实践：在你的日常生活中或所熟知的行业里，描述一个不均衡进化系统的实例。

第五节　向宏观层次进化

向宏观层次进化是指一个系统变得越来越优越，进而被集成到一个更高层次的系统或超系统之中。任何一个系统并不是在真空中发展，也不是一个孤立的事物，而是超系统的一个组成部分。

在19世纪末，自行车的发展达到了一个极限状态。人力自行车在速度和承载能力方面已经不可能再大幅度提高。自行车和内燃机一起被集成到一个更高级别的系统中。摩托车、汽车、飞机发展起来。摩托车实际上就是一个摩托化的自行车。

实践：你还能想出把自行车集成到高级别系统的其他方式吗？

为房间取暖的炉子或壁炉在很久以前进化到一个高层次水平上。为了增加舒适度并节约时间，炉子进化成集中供暖系统。城市的大部分地区由单独的热能站集中供热。与此类似，真空吸尘器与集中真空吸尘系统结合起来。

钟表也被集成到收音机、电视、汽车、计算机、移动电话、微波炉和若干其他的系统中。许多集成的案例可以在商业、市场、培训和其他非技术领域找得到。

向宏观层次进化是一个普遍存在的定律。然而，由于忽视了这条定律，许多本来可以避免的问题出现了。例如，在1970年代，Apple计算机和Sony视频系统遇到了麻烦，尽管作为独立的产品来说，它们都是很优秀的。但是由于缺乏与宏观系统的集成，这些产品表现得并不优越。而这些宏观系统往往是用户所期待的。

实践：在你的日常生活中或所熟知的行业里，描述一个向宏观层次进化的实例。

第六节 向微观层次进化

向微观层次进化是指系统的进化可以通过把系统分割成更小的组成部分而实现。通过下面的几个例子来说明。

用水射流取代切削刀具的固体刀刃。用水分子而不是一个固体，去完成切削工作。一家市场研究公司，Frost and Sullivan发现水射流工具市场在1997～2004年间快速增长。

另一个例子来自医药行业。早期的担架被用来运送伤员，并带有简单的帆布或床垫，但这对于运送颈部、背部受伤的人员并不理想，因为人们不能固定在一个精确的位置以防止进一步的损伤。真空床垫用来解决这个问题。一个空气密封的被褥充满了小塑料球，其塑造出伤员身体的形状。当伤员在床垫上躺好后，空气从被褥中吸出。真空将小球的位置与伤员相互固定，在运送过程中安全地固定伤员的位置。许多的小球取代了单独的固体支撑。

一个大的机器人只能做一项工作，如挖掘或在一个方向上清理。它可以被若干个微型机器人取代，微型机器人可以通过无线电或红外线进行通信。许多微型机器人取代一个大机器人，并且可以在不同的方向上同时干活。

还有一些附加的例子：

刷汽车的设备常用刷子来完成刷车工作，但刷子有时也会划伤车身。现在水射流刷车的方式常用来取代刷子。

洗衣服的方式也可以向微观层次进化。微纤维材质的衣服具有特殊的效用，洗涤过程无需化学剂。

制做斜纹粗棉布的一道工序是石洗，以产生流行的褪色牛仔布效果。通过应用"酶"取代石头，这个方法得到了改进。这种向微观层次转变的趋势体现在下述两个方面。

(1) 酶的分子比石块小得多。

(2) 酶对纤维在分子层面上起作用，石块对布料在"线"的层面上起作用。

打印技术的进化在向微观层面转化的道路上经历了许多历程。石板印刷用到很大的石头（200kg 或更重）。Gutternberg 的突破是采用了带有字母的单独金属片。矩阵式打印机仅需要少量的小针（起初 9 个，后来 24 个）以构造出每一个字母。喷墨打印机用液体墨水，通过墨水斑点来形成字母的形状（起初每英寸 100 像素，后来每英寸 600 像素）。激光打印通过光束来使纸张感光，用粉末材料形成文字。

向微观层次进化的经典实例是在融化的锡上制造玻璃。用以形成玻璃板的较大金属辊子被用以浮起玻璃板的融锡池取代。

通常有三个方法用以分割物体材料。

(1) 物体分割：固体、分割体、液体或粉末、气体或离子、场。人们用到的很多实例在这个方面符合这种特性。

(2) 空间分割：固体、中空体、多孔体、毛细孔物质、填充有活性物质的孔。在物体内部的任何空间形式通常称之为"虚空"。

(3) 表面分割：平面表面、波纹表面、粗糙表面。

向微观层次进化在一定程度上也可以解决业务问题。庞大的组织架构通常被分割为许多小的单独组织体，以对客户的问题作出快速反应以及新产品的快速研发。可以行使公司权力的授权雇员确定问题及采取措施的速度往往比按部就班的做事流程迅速的多。

问题的优秀解决方案往往包含向宏观和微观层次进化两个方面。在微电子和通信技术领域，组件的分割使构建全球网络成为可能。组织的进化也有许多类似的特点。

实践：在你的日常生活中或所熟知的行业里，描述一个向微观层次进化的实例。

第七节　增强相互作用

增强相互作用是指增添新的作用形式或转变为可控性更好的作用形式。本模式也包括增添新的物质，与原有系统中的物质相互作用。物质的范畴包括材料、组件、系统和元素。它们可以是微观有机体（如酵母菌）、动物（如蜜蜂）或人员（如作为工具的一只手）。物质间的相互作用含义也非常广，包括机械作用、热力作用（热、冷）、声学作用（不同的声音）、化学作用、电磁场和电磁波、气味、生物作用。我们也可以在商业领域发现类似的情形，如人与人之间的沟通和作用。

增强相互作用模式通常可以描述为工具与作用对象之间存在着不充分的或有害的作用。系统可以通过下列方式解决此问题：在现有组件中添加新物质、增加新的作用形式，或者以不同的方式改变物质和作用形式以增强不充分的作用或消除有害的作用。

再考虑几个向增强可控性作用的例子。

汽车和周围环境的作用是个大问题。通常新的解决方案集中在引入更好可控性作用的形式上。导航系统应用无线电波、装有雷达的保险杠、带有视频摄像机的辅助驾驶系统等。1997年，在加利福尼亚有这样一个控制系统：为了提高汽车的驾驶性能，电磁针被精确的置于街道上。汽车上的传感器可探测电磁针的位置，从而传感器的输出可以改变驾驶状态，以防止汽车偏离道路。

钟的发展历程也是增强可控性作用的范例。第一个钟表是利用太阳来报时，利用阳光的影子来确定时间。但是这种方式在阴天或夜晚时无法应用。沙钟、水钟以及后来的摆锤钟，它们都是利用地球的引力，可以日夜工作，只是体积庞大，有些笨重。后来发明了发条钟，体积小，而且易于使用。现代石英表利用水晶的振动。使用者无法看到时间测量机械装置。钟表的发展史很好地再现了向微观层次和相互作用可控性增强的技术进化趋势。

更多的例子：

（1）利用黏着剂固定记事贴，取代了图钉和别针（机械作用）。

（2）不再使用栅栏，而是采用人类耳朵无法察觉的超声波，驱赶鸟类远离院子。这也是一个分割模式的例子，用场取代物体。

在你试图提高相互作用以改善当前系统时，下面的一些规则或许对你有所帮助。

1）新物质的简单引入

系统的性能可以通过添加一种新物质而改善。为了提高钢的性能，将碳和氮引入其表层。为了减少破冰船的船体和冰之间的摩擦，在船体外增加高分子聚合物层。需要注意的是，这种模式常会用到初始系统以外的资源。

2）引入改进的物质

并非一定要引入一个新的物质，我们可以引进系统中现存物质的变形状态。为了提高钢材的性能，其表层可以进行淬火处理。为了减少破冰船的船体和冰之间的摩擦，可以添加水。应用现有物质资源的变形状态更加贴近理想解状态。

3）引入虚空

并非一定要引入具体的物质，我们可以引入"虚空"。这听起来可能会比较滑稽，但是有些时候事实就是如此。

(1) 中空结构取代实体结构。
(2) 真空包装中利用真空而不是抗菌化学剂。
(3) 利用真空吸力，固定物体、移动物体、提起物体。
所谓"虚空"是指比其所处环境更"稀薄"的任何东西。
4) 引入作用

不引入物质和虚空，我们可以应用"作用"。例如，旋风除尘器可以利用机械作用——离心力，将灰尘去除。为了优化效果，电场可以添加在"旋风"过程中。

在经典的 TRIZ 体系中，也有"场"的称谓。"作用"的含义包括了通常意义上"场"的概念（电磁场、重力场），也包括客观存在的作用，如化学作用、热作用、机械作用、生物作用。这种概念的提法有助于帮助 TRIZ 使用者去识别使用不同作用的机会。

实践：在你的日常生活中或所熟知的行业里，描述一个增强相互作用的实例。

第八节　技术系统的扩充与简化

最后一条模式为技术系统的扩充与简化。系统首先扩充，变得更加复杂，然后其被裁剪或简化。也就是，它的组件被结合到更简单的系统中。当系统简化时，那些由于零部件和操作数量增加而产生的问题会得以解决。系统的进化是非线性的。首先，初始阶段的零部件和操作很少；接下来，零部件和操作的数量快速增加，直到系统"瓦解"并被裁剪成少数零件；然后，新一轮的进化又开始了。

最初，晶体管和其他微电子元件被单独使用。由大量电子元件组成的系统变得很复杂，并且寿命不长。后来，大量的电子元件被结合进集成电路中，而集成电路可以作为单独的元件。电子工业的演进完成了若干循环，把集成电路结合到更复杂的系统中，然后通过元器件的高层次集成实现系统的简化。集成电路成为一个"单一系统"，进一步嵌入到其他系统中。

扩充和裁剪也可以提高工艺过程。水射流切割方法把切割和加工过程结合在一起，因为工件的表面被切割后无需加工。

这种模式也称为"单—双—多"模式，因为"单一系统"和其他的"单一系统"可以组合成为"双系统"，更多的"单一系统"的引入构成"多系统"。当"多系统"被简化后又成为一个新的"单一系统"。

第九节 技术系统进化模式的应用

进化模式应当综合起来研究，而且结果也应该由最终理想解标准来评价。仅仅考虑一种进化模式得出的潜在进化状态的概念不一定正确。将多种模式综合起来考虑得出的方案会更可靠。在实践应用时，可以把五种模式和理想解结合起来考虑。

进化模式的应用通常有以下作用：

（1）管理者和专家可以把进化模式作为工具来筛选问题的解决方案。在理想解准则的基础上完成方案评价。在考虑问题的解决方案提议时，下面几个方面的问题是很有帮助的。

- 这个方案是否表现了技术系统的不均衡进化？下一步应提高哪些零部件？
- 系统是否会向宏观或微观层次进化？
- 怎样提高作用效果？
- 怎样提高系统的整体理想程度？

（2）进化模式有助于明确问题。检验每一种模式可以给我们有效的信息。进化中的关键问题是什么？怎样才能把当前系统集成到更高层次的系统中？怎样把目标分解成更小的零部件？怎样提高相互作用？我们可以针对未来的进化开展"如果…怎样"模式的研究？如果技术的内在潜力被应用，我们会得到什么结果？什么时候有必要应用不同的技术路线以提高系统的理想度？

（3）有助于问题描述的进化路线，也有助于问题的解决。

（4）应用来自其他工业领域的解决方案变得更为常见。发现类似的特征并加以应用也变得更容易。比如，应用于电子和机械加工行业的分割和集成定律也可以在建筑工业中应用。在零售业中的自服务模式也可以在教育和医药行业应用。

在应用表9-3中几条进化模式时，还需要注意以下几点。

（1）系统特征及其零部件的不均衡进化、向宏观层次进化、技术系统的扩充与简化是非常通用的进化模式。之所以说其通用性高，是因为在很多情况下，我们都可以应用这些模式开发新系统。

（2）增强相互作用模式或许是这些模式中最具"统计性"的一种。比如，技术系统中的电、磁作用越来越多。这种趋向存在了上百年。但这并不是说机械作用总是应该被替代或者让其与电磁场作用相互竞争。这种模式是说，转化为应用可控性更好的场的案例时常发生，所以这种可能性是值得考虑的。

（3）向微观层次进化的情况也很常见。也有一些例外存在。我们应当意识到这些模式的概率特性，在对具体模式加以应用时，要考虑一下它的应用是否提高了系统的理想度。

表 9-3 进化模式总结

模　式	说　明
系统特征及其零部件的不均衡进化	零部件的不均衡 工艺（过程）阶段的不均衡 特征提高的不均衡 不均衡的反复出现
向宏观层次进化	一个系统和与之相似或不相似的系统结合 与若干相似或不相似的系统结合（单—双—多） 向宏观层次进化重复出现
向微观层次进化	固体、分割体、液体或粉末、气体或离子、场 固体、中空体、多孔体、毛细孔物质、填充有活性物质的孔 平面表面、波纹表面、粗糙表面
增强相互作用	引入物质：新物质、现有物质的变形、虚空 引入作用：机械场、声场、热场、化学场、电场、磁场
技术系统的扩充与简化	增加零部件数目 增加操作的数目 削减零部件或操作的数目 系统的扩充和简化重复出现
提高系统的理想度	应用一种模式以提高理想度 如果一种模式的应用引起了其他问题，可利用其他模式来解决 应用更多的模式

有人也经常问及这样的问题：当未来的预测和社会环境不确定时，人们怎样才能证明系统进化中的这些法则？如果进化模式是真正的科学定律，难道我们不能精确地预测进化趋势，至少是技术系统的进化？这个问题中存在一个误解。最严格、精密的科学，如物理学可以告诉我们在所有必要条件满足时，什么情况会发生。但是，科学并不能预测出什么时候社会能提供所有条件。物理学可以计算出去火星旅行我们需要多少时间和能量。但是，它不能精确地给出人类在哪个时代才能登陆火星。在所有资源应用于我们的任务目标时，进化模式可以告诉我们什么目标可以完成。

这里也同样有时间因素。纵观的历史跨度越长，人们就可以发现更多的规律性，同时，偶然性因素和主观的决策变得不那么重要。显然，与其实际出现的时间相比，青霉素、快餐店等发明可以出现得更早或更晚些。但从长远来看，它们的进化不可避免。我们可以加速或延缓事物的变化，但是对于变化本身，我们阻止不了。

思 考 题

9-1 原理解通常分为几个级别？
9-2 什么是技术成熟度预测？包括哪些关键步骤？
9-3 简述 S 曲线的含义。
9-4 技术系统进化模式有哪些？
9-5 在产品开发过程中，如何应用进化模式？
9-6 在哲学层面上，如何理解进化模式的指导性作用？

参 考 文 献

邓家禔，韩晓建，曾硝，等．2002．产品概念设计——理论、方法与技术．北京：机械工业出版社

傅家骥．2004．技术创新学．北京：清华大学出版社

高常青，黄克正，张勇．2006．TRIZ 理论中问题解决工具的比较与应用．机械设计与研究，22（1）：13-15

高常青，张勇．2010．基于 AFD 的游乐设施失效分析．中国特种设备安全，26（6）：8-11

黄靖远，高志，陈祝林．2007．机械设计学．北京：机械工业出版社

梁桂明，董结晶，梁峰．2005．创造学与新产品开发思路及实例．北京：机械工业出版社

刘莹，艾红．2004．创新设计思维与技法．北京：机械工业出版社

仇成，冯俊文，高常青，等．2008．科学效应在创新设计中的应用．机械设计与制造，（3）：71-72

芮延年．2005．现代设计方法及其应用．苏州：苏州大学出版社

檀润华．2002．创新设计 TRIZ——发明问题解决理论．北京：机械工业出版社

檀润华．2004．发明问题解决理论．北京：科学出版社

檀润华，曹国忠，陈子顺．2009．面向制造业的创新设计案例．北京：中国科学技术出版社

唐林．2006．产品概念设计基本原理及方法．北京：国防工业出版社

万邦烈．1998．采油机械的设计计算．北京：石油工业出版社

杨清亮．2006．发明是这样诞生的——TRIZ 理论全接触．北京：机械工业出版社

尤里·萨拉马托夫．2006．怎样成为发明家——50 小时学创造．北京：北京理工大学出版社

占向辉，李彦，贾爱军．2005．面向创新设计的科学效应库研究．工程设计学报，12（1）：1～6

张连山．1996．国外抽油机发展趋势．国外石油机械，7（3）：28-35

赵敏，史晓凌，段海波．2009．TRIZ 入门及实践．北京：科学出版社

Genrich Altshuller. 2000. The Innovation Algorithm. Technical Innovation Center，Inc.

Terninko J，Zusman A，Zlotin B. 1998. Systematic Innovation. St. Lucie Press

Rantanen K，Domb E. 2002. Simplified TRIZ. CRC Press

Orloff M A. 2006. Inventive Thinking through TRIZ. Springer

Savransky S D. 2000. Engineering of Creativity. CRC Press

附录1 常用科学效应和现象列表

科学效应和现象序号	效应名称
E1	X射线（X-Rays）
E2	安培力（Ampere's force）
E3	巴克豪森效应（Barkhausen effect）
E4	包辛格效应（Baushinger effect）
E5	爆炸（explosion）
E6	标记物（markers）
E7	表面（surface）
E8	表面粗糙度（surface roughness）
E9	波的干涉（wave interference）
E10	伯努利定律（Bernoulli's Law）
E11	超导热开关（superconducting heat switch）
E12	超导性（conductivity）
E13	磁场（magnetic field）
E14	磁弹性（magnetostriction）
E15	磁力（magnetic force）
E16	磁性材料（magnetic materials）
E17	磁性液体（magnetic liquid）
E18	单相系统分离（separation of monophase systems）
E19	弹性波（elastic waves）
E20	弹性形变（elastic deformation）
E21	低摩阻（low friction）
E22	电场（electric field）
E23	电磁场（electromagnetic field）
E24	电磁感应（electromagnetic induction）
E25	电弧（electric arc）
E26	电介质（dielectric）
E27	古登波尔和Dashen效应（Gudden-Pohl and Dashen effects）
E28	电离（ionization）
E29	电液压冲压，电水压震扰（electrohydraulic shock）
E30	电泳现象（phoresis）
E31	电晕放电（corona discharge）
E32	电子力（electrical force）

续表

科学效应和现象序号	效应名称
E33	电阻（electrical resistance）
E34	对流（convection）
E35	多相系统分离（separation of polyphase systems）
E36	二级相变（phase transition-type II）
E37	发光（luminescence）
E38	发光体（luminophores）
E39	发射聚焦（radiation focusing）
E40	法拉第效应（Faraday effect）
E41	反射（reflection）
E42	放电（discharge）
E43	放射现象（radioactivity）
E44	浮力（buoyancy）
E45	感光材料（photosensitive material）
E46	耿氏效应（Gunn effect）
E47	共振（resonance）
E48	固体（的场致、电致）发光（electroluminescence of solids）
E49	惯性力（inertial force）
E50	光谱（radiation spectrum）
E51	光生伏打效应（photovoltaic effect）
E52	混合物分离（separation of mixtures）
E53	火花放电（spark discharge）
E54	霍尔效应（Hall effect）
E55	霍普金森效应（Hopkinson effect）
E56	加热（heating）
E57	焦耳-楞次定律（Joule-Lenz Law）
E58	焦耳-汤姆逊效应（Joule-Thomson effect）
E59	金属覆层滑润剂（metal-cladding lubricants）
E60	居里效应（Curie effect）
E61	克尔效应（Kerr effect）
E62	扩散（diffusion）
E63	冷却（cooling）
E64	洛伦兹力（Lorentz force）
E65	毛细现象（capillary phenomena）
E66	摩擦力（friction）
E67	珀耳帖效应（Peltier effect）
E68	起电（electrification）
E69	气穴现象（cavitation）

续表

科学效应和现象序号	效应名称
E70	热传导 (thermal conduction)
E71	热电现象 (thermoelectric phenomena)
E72	热电子发射 (thermoelectric emission)
E73	热辐射 (heat radiation)
E74	热敏性物质 (heat-sensitive substances)
E75	热膨胀 (thermal expansion)
E76	热双金属片 (thermo bimetals)
E77	渗透 (osmosis)
E78	塑性变形 (plastic deformation)
E79	Thoms 效应 (Thoms effect)
E80	汤姆逊效应 (Thomson effect)
E81	韦森堡效应 (Weissenberg effect)
E82	位移 (displacement)
E83	吸附作用 (sorption)
E84	吸收 (absorption)
E85	形变 (deformation)
E86	形状 (shape)
E87	形状记忆合金 (shape memory)
E88	压磁效应 (piezomagnetic effect)
E89	压电效应 (piezoelectric effect)
E90	压强 (pressure)
E91	液/气体的压力 (pressure force of liquid/ gas)
E92	液体动力 (hydrodynamic force)
E93	液体和气体压强 (liquid or gas pressure)
E94	一级相变 (phase transition-type I)
E95	永久磁铁 (permanent magnets)
E96	约翰逊-拉别克效应 (Johnson-Ranbec effect)
E97	折射 (refraction)
E98	振动 (vibration)
E99	驻波 (standing waves)
E100	驻极体 (electrets)